¡ESTÁ VIVO!

DE LAS NEURONAS Y LOS NARVALES A LOS HONGOS QUE NOS RODEAN

MOLLY BLOOM, MARC SANCHEZ Y SANDEN TOTTEN

Para quienes escuchan nuestro programa, por inspirarnos cada día con su curiosidad.

¡ESTÁ VIVO!
DE LAS NEURONAS Y LOS NARVALES A LOS HONGOS QUE NOS RODEAN

Título original: *Brains On! presents... It's Alive: From neurons and narwhals to the fungus among us*

Traducción: Juan Cristóbal Álvarez

D.R. © Editorial Océano, S.L.
Milanesat 21-23, Edificio Océano
08017 Barcelona, España
www.oceano.com

D.R. © Editorial Océano de México, S.A. de C.V.
Guillermo Barroso 17-5, col. Industrial Las Armas
Tlalnepantla de Baz, 54080, Estado de México
www.oceano.mx
www.oceanotravesia.mx

Primera edición: 2021

ISBN: 978-607-557-341-0

Depósito legal: B 14248-2021

IMPRESO EN ESPAÑA/*PRINTED IN SPAIN*

9005528010921

Contenido

Introducción iv

PARTE 1: ANIMALES

Secretos de perros y gatos 2

Criaturas de las profundidades 20

Animales con superpoderes 36

PARTE 2: PLANTAS

De la semilla al árbol 50

La planta más fuerte gana 60

¿Quién manda? ¡Pues las flores! 66

PARTE 3: HUMANOS

Tu cuerpo: el parque 76

La magia del cerebro 94

¿De dónde sacaste esos genes? 112

PARTE 4: EL MICROVERSO

Qué pequeño es el mundo (en serio) 122

Cómete tus microbios 131

Microbios extremos 138

Fin 150

Agradecimientos 151

Para saber más 152

Índice 154

Introducción

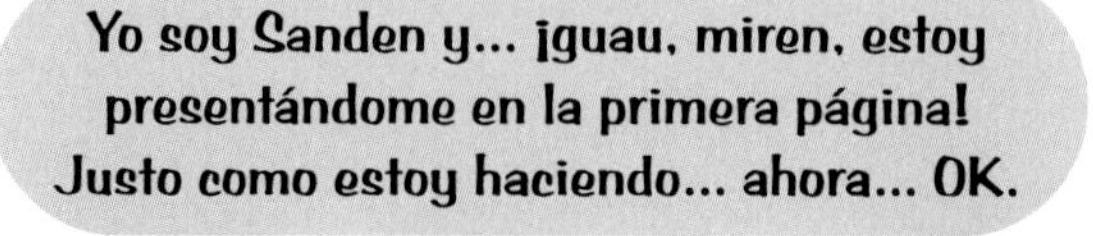

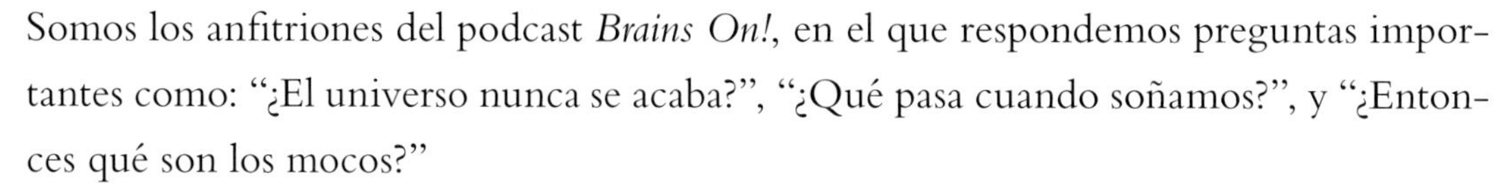

Somos los anfitriones del podcast *Brains On!*, en el que respondemos preguntas importantes como: "¿El universo nunca se acaba?", "¿Qué pasa cuando soñamos?", y "¿Entonces qué son los mocos?"

Si estás leyendo esto, ¡felicidades! ¡Eres una persona viva y tu mente aprenderá muchas cosas! A menos de que seas un robot. Entonces no eres una persona viva y tu mente son unos chips y cables. ¡Lástima!

Este libro es sobre el rarísimo, ultraépico y asqueroso mundo de la biología, esto es: el estudio de las cosas vivientes, desde las minúsculas bacterias y las pequeñas hormigas a los colosales árboles y las tremendas ballenas. Vamos a explorar este mundo y conocer algunas formas de vida interesantes en el camino, como mascotas con superpoderes, criaturas marinas que cambian de forma, plantas que te devuelven las mordidas, cerebros eléctricos ¡y los bichos que habitan en tu cara! También tenemos una montaña rusa, un rayo reductor, gatos con ojos láser, flores que hablan, fabricantes profesionales de pedos y mucho más.

Así que prepárate, porque estás a punto de recibir una megadosis de ciencia supergenial que te llenará el cerebro y cambiará para siempre tu forma de ver el mundo. No sólo aprenderás biología, verás que... ¡ESTÁ VIVA!

Parte 1
ANIMALES

¿SABEN LOS PERROS QUE SON PERROS?

Los perros siempre te acompañan, como tu sombra… si tu sombra hiciera caca y persiguiera ardillas. Y los amamos tanto que son parte de la familia. Nos apoyan cuando estamos tristes, nos babean cuando llegamos a casa y se toman MUY en serio su trabajo de guardianes. Pregúntale al cartero.

Al mismo tiempo, los perros aman comer basura, enterrar huesos y olerse el trasero. Cosas que nosotros no hacemos. Lo que plantea una pregunta muy importante: ¿los perros se creen humanos o saben que son perros?

Para ver qué podía ver

Los perros no hablan. Entonces no podemos preguntarles: "Oye, ¿sí sabes que eres un perro?" Pero hay un experimento que se usa para saber si los animales son conscientes de sí mismos. En otras palabras, si un animal sabe que es un ser único, separado de los demás. Este experimento se llama la "prueba del espejo".

NOTAS DE LABORATORIO: La prueba del espejo

Pregunta: ¿Los perros son conscientes de sí mismos?

Procedimiento:

1: Pintarle un punto rojo en la cara a un perro mientras duerme.
2: Cuando despierte, ponerlo cerca de un espejo.

3: Observar si el perro se mira al espejo, nota la mancha e intenta borrarla o inspeccionarla.

Resultado: Los perros participantes nunca intentaron quitarse la mancha. ¡Probablemente pensaron que el animal del espejo era otro perro!

Conclusión: Los perros no son conscientes de ellos mismos, o al menos no de su reflejo.

Así que los perros fallan la prueba del espejo, pero eso no significa que no sean conscientes de sí mismos. Quizá lo que necesitan es otra prueba. Lo que pasa es que los humanos dependemos de nuestros ojos para percibir el mundo, pero los perros dependen de la nariz. De hecho, no ven muy bien. Pero su olfato es mucho mejor de lo que nosotros podemos imaginar. Quizá por eso los perros no se reconocen en el espejo: los olores no tienen reflejo.

ANIMALES QUE PASAN LA PRUEBA DEL ESPEJO

- Delfines
- Elefantes
- Chimpancés
- Humanos (pero no bebés)

DRA. ALEXANDRA HOROWITZ

La doctora Alexandra Horowitz dirige el Laboratorio de Cognición Canina en Barnard College, Universidad de Columbia, y quiere entender qué se siente ser un perro. Estudia cómo piensan, ven y huelen los perros, e ideó una prueba de olfato para determinar si los perros son conscientes de ellos mismos. Alexandra espera que su trabajo ayude a la gente a entender mejor a los perros, porque aunque nos encantan, no sabemos tanto sobre ellos y a veces pensamos que se portan mal cuando sólo intentan encajar en nuestro mundo.

NOTAS DE LABORATORIO: La prueba del olfato

Pregunta: ¿Los perros reconocen su propio olor?

Procedimiento:

1: Mezclar un poco de orina de un perro con la de otro. Para el perro, esto sería como ver una fotografía tuya mezclada con la de alguien más. ¡Raro!

2: Dejar una muestra de la orina del perro y otra de la orina mezclada donde él pueda encontrar las dos.

3: Observar si el perro reconoce su propia orina y si se interesa en la versión mezclada, oliéndola por más tiempo.

Resultados: A los perros les dio mucha más curiosidad la versión mezclada de su olor que la original. Así como los humanos usan sus ojos para encontrarse manchas en la cara, los perros utilizan su nariz para descubrir que su olor cambió. Alexandra Horowitz, quien desarrolló este experimento, lo llama "la prueba del espejo olfativo".

Conclusión: Al parecer los perros sí se reconocen, pero a través del olfato, no de la vista.

Olfativo: Relacionado con el sentido del olfato.

¡La entrada a la mente de un perro es su nariz!

El olfato podría servirle a los perros hasta para saber la hora. La doctora Alexandra Horowitz piensa que los perros calculan hace cuánto te fuiste por los rastros de tu olor. Cuando te vas a la escuela, dejas tu olor. Al pasar el tiempo, el rastro se debilita y empieza a desaparecer. Por ejemplo, si cuando regresas de la escuela el rastro de tu olor se ha debilitado, ¡tu perro puede usar su máquina de superolfato para calcular la hora y esperarte en la puerta!

Un perro puede recordarte aunque no te haya visto desde hace un día, una semana, un mes o hasta un año, porque recuerda tu olor. Por eso el perro de los tíos que sólo ves en Navidad ya sabe que a ti sí te puede pedir que le des pavo por debajo de la mesa.

No tenemos manera de saber si los perros recuerdan eventos específicos, al menos hasta que inventemos un traductor de ladridos. Si un cachorro tuvo

Este traductor no sirve. ¡Traduce todos los ladridos como "crema de cacahuate"!

EL IDIOMA INTERNACIONAL DE LOS LADRIDOS

Los perros hablan igual sin importar de dónde sean, pero ¿sabías que los humanos escuchamos diferente los ladridos según el idioma que hablamos?

CUANDO TU PERRO TE OYE ENTRAR A CASA, ENLOQUECE Y DICE:

Inglés	Woof, woof
Español	Guau, guau
Somalí	Wuh, wuh
Hmong	Bow, bow, bow
Ruso	Guff, guff
Polaco	How, how
Chino mandarín	Wang, wang

una experiencia terrorífica en el refugio o en el veterinario, quizá no recuerde lo que pasó exactamente, pero con el olor le basta para asustarse si lo llevas de regreso.

DULCES SUEÑOS, PERRITO

¿Has visto a tu perro intentar correr mientras duerme? ¿O gruñir durante la siesta? Es probable que estuviera soñando. Los perros duermen más o menos la mitad del día, pero sólo sueñan durante una fracción de ese tiempo. Quizá porque su sueño son muchas siestas cortas, en lugar de un sueño largo como el nuestro.

Los perros tienen periodos de sueño de movimiento ocular rápido (MOR) durante su sueño normal, igual que los humanos, y pasan unos 20 minutos de cada siesta en MOR. ¡Es entonces cuando su fantasía echa a volar!

Los perros tiemblan y gruñen cuando duermen, pero por suerte no se despiertan a perseguir ardillas. Esto es gracias a una parte del cerebro llamada puente de Varolio. El puente evita que los humanos y otros animales actúen sus sueños. El puente de los cachorritos no está tan desarrollado, y el de los perros más viejos suele ser menos eficiente. En esos casos, el perro podría despertar como sonámbulo por un momento. ¡Cuidado, ardillas imaginarias! ¡Y mesas y lámparas! (Si quieres saber más del sueño humano, pasa a la página 101.)

Sin un puente, un pointer señalaría aves imaginarias, un terrier cavaría buscando conejos imaginarios y mi perro SEGURO comería basura imaginaria.

DE REGRESO AL FUTURO

¿Los perros viajan en el tiempo? Eh... más o menos. Los perros saben lo que pasó a través de rastros de olor, esto significa que no puedes ocultarles nada. Por ejemplo, digamos que después de la escuela te desviaste para dar un paseo en bicicleta con una amiga y luego te dio hambre y comiste pizza. En cuanto cruzas la puerta de tu

¿QUÉ PASA CUANDO UN PERRO DUERME?

- Las piernas se sacuden.
- La respiración se agita.
- Los ojos se mueven más rápido bajo los párpados.

casa, tu perro te huele y piensa: "Ah, ¿fuiste de paseo sin mí? ¿Y fuiste a las pizzas? ¿Y no me trajiste?" Todo esto en un par de olfateadas.

Los perros también pueden ver el futuro. Casi. Sus narices detectan lo que trae el viento y pueden oler lo que viene mucho antes que nosotros. Si están paseando, tu perro sabrá que viene un gato por la esquina o que alguien está cocinando hamburguesa. Hasta podría empezar a sacudir la cola porque tu amiga viene de visita, aun si tú todavía no la has visto. No te espantes. Tu perro no es psíquico, sólo tiene muy buen olfato.

¿CUÁL ES EL TRUCO DE LOS SUPERSENTIDOS DEL PERRO?

Tu perro no sabrá leer ni tocar el piano (y si sabe, nos avisas, por favor), pero puede detectar cosas que nosotros jamás podríamos. Los perros tienen los mismos sentidos que los humanos, pero su olfato es 10 000 veces mejor (y su oído es mucho más fino que el nuestro, como verás en la página 11). Sus perropoderes le darían celos a un superhéroe.

Narices de otro nivel

Las narices de perro no sólo son las más lindas del universo, también son increíbles máquinas de oler. El exterior húmedo y esponjoso les ayuda a capturar aromas. Además, tienen muchos más receptores olfativos que nosotros y la parte de su cerebro que sirve para analizar olores es cuarenta veces más grande que la nuestra.

Esos receptores olfativos son excelentes para detectar olores. Esto es lo que pasa: los olores son moléculas que flotan por el aire: restos de flores de tu jardín, de la galleta que comiste de postre o de la basura del vecino.

Para darte una idea, cuarenta veces es la diferencia entre una pelota de ping pong y un melón.

¡SNIFF! Los receptores del perro toman esas moléculas, las estudian y le informan al cerebro si está oliendo una torta o un trasero.

¡Me huele a ardilla por aquí! ¡En la página 38 para mayor exactitud!

¿Sabías que los humanos tenemos 5 millones de receptores olfativos, los sabuesos 300 millones y los perros salchicha 125 millones? ¿Y que las salchichas tienen cero receptores porque son salchichas?

Pero ¿qué significa tener mejor olfato que los humanos? Si alguien le echa azúcar a tu vaso de agua, tendrías que probarla para darte cuenta. La nariz de un perro, en cambio, podría oler una cucharada de azúcar en una alberca gigante.

Los perros también pueden oler por separado con cada orificio de la nariz. Si las moléculas de azúcar entran del lado derecho primero, el perro sabrá que echaron el azúcar del lado derecho de la alberca.

Mientras nosotros oleríamos sólo el cloro de la alberca, el perro detectaría el cloro, la cucharada de azúcar, el bloqueador solar, los trajes de baño, las gafas para nadar, los respiradores y la pipí.

¿Por qué los perros tienen la nariz mojada?

Si tu nariz está húmeda, suele ser señal de que te enfermaste. ¡Pero en la nariz de tu perro es el estado normal! Los perros tienen glándulas de sudor en la nariz para regular su temperatura. Su nariz también secreta una capa de moco que les ayuda a captar moléculas de olor. Además, todo el tiempo se lamen las narices, tanto por limpieza como para mandarle más partículas al órgano vomeronasal para que las estudie.

Huelo cómo te sientes

¿A qué huele estar feliz? ¿O tener miedo? Estas preguntas sonarán graciosas, pero para un perro serían lo más lógico. Los perros tienen una poderosa herramienta llamada órgano de Jacobson o vomeronasal. Esta avanzada tecnología olfativa permite que los perros detecten el humor por medio de sustancias químicas llamadas feromonas en el cuerpo de otro animal.

PRONUNCIA esto:
VO-ME-RO-NA-SAL

Si las narices fueran autos, los perros tendrían uno de carreras.

Las feromonas son sustancias químicas que algunos animales producen para enviar señales entre sí. Por ejemplo, si tú hueles un perro, dirás: "Ajá, en efecto, es un perro."

Pero si tu perro Pelos huele a la perra del vecino, doña Penélope Poodle, las feromonas le dirán a Pelos si Penélope quiere ser su amiga, su novia, morderlo o salir corriendo.

Animales con órgano de Jacobson

Nosotros no tenemos órgano vomeronasal, pero varios animales sí:

- Hámsters
- Serpientes
- Lagartijas
- Ratones
- Ratas
- Elefantes
- Gatos
- Cabras
- Cerdos
- Jirafas
- Caballos
- Osos

¿? FOTO MISTERIOSA

Concéntrate en esta foto misteriosa y trata de adivinar qué es antes de voltear la página.

¡La Respuesta!

¡Es una nariz de perro! ¿Sabías que los perros tienen dos pares de orificios nasales? Dos al frente para tomar aire y dos a los lados para expulsarlo. Así, cuando exhalan, no sacan volando los olores que quieren inhalar. Esto les da a sus receptores olfativos más tiempo para estudiar esos olores.

Oye, me cae bien tu trasero

Seguro has visto a los perros olerse la cola entre ellos. No es porque sean asquerosos. O sea sí, un poco, pero también porque tienen glándulas en el trasero, donde emiten las señales químicas de las que hablábamos: las feromonas.

Entonces, cuando un perro huele un trasero es como si viera las redes sociales del otro. Sabe si ese otro perro es macho o hembra, su edad, su estado de salud y de qué humor está hoy.

Con esa información, los perros saben si pueden empezar una nueva amistad o buscar una cola más amigable.

¡PERRITOS AL RESCATE!

Los perros usan sus narices para más cosas que conocer a sus vecinos; pueden usar sus receptores olfativos para ayudar a los humanos. Buscan gente perdida en el bosque, encuentran bombas en los aeropuertos y hasta pueden olfatear algunos tipos de cáncer.

Algunos perros especiales saben guiar a personas que no ven bien. Otros pueden ayudar a humanos con problemas auditivos, al avisarles que suena el timbre o una alarma de incendios.

Los perros de asistencia en movilidad ayudan a personas que tienen problemas para caminar, recogiendo objetos del suelo, abriendo puertas ¡o acercando el teléfono cuando suena! ¡Eso sí es portarse bien!

¡Lo oigo y no lo creo!

El olfato no es el único supersentido de los perros. Sus orejas también son increíbles. Algunas razas tienen mejor oído que otras, pero todas pueden detectar sonidos que el oído humano nunca podría.

Los perros pueden oír tonos muy agudos y otros demasiado graves para el oído humano. Ese superoído era un asunto de supervivencia. Los perros evolucionaron de los lobos, que cazan ratones y otros roedores pequeños. Necesitan escuchar esos chillidos agudos para cazar su cena y sobrevivir.

Además pueden girar, inclinar, bajar y elevar sus orejas para saber exactamente de dónde viene un sonido. ¡Por eso siempre saben cuándo abriste una bolsa de frituras!

¡Nada que ver!

La vista es donde los humanos vencemos a los perros. La vista de un perro es mucho más borrosa que la nuestra y ven menos colores. Tanto humanos como perros tenemos células en los ojos que detectan la luz, llamadas conos y bastones. Nosotros tenemos tres tipos de conos: para luz azul, verde y roja. Estos conos se combinan y nos permiten ver una amplia gama de colores. Pero los perros sólo tienen dos tipos: para el azul y el amarillo. ¡Y quisieran un cono de helado! Pero no va a pasar.

¿POR QUÉ LES BRILLAN LOS OJOS A LOS GATOS?

Aunque es más o menos fácil adivinar el humor de un perro, los gatos son más misteriosos. Hay un significado en su forma de mirarte, en sus maullidos y hasta en cómo levantan la cola. Si quieres entender la mente de un gato, inventa una máquina cambiamentes para vivir como uno. O lee la sección siguiente, que es más fácil y no involucra bolas de pelo.

¿Cómo es que los gatos ven en la oscuridad?

¿Te has fijado que tu gato prefiere hacer sus ejercicios a medianoche? Correr por la sala, saltar de los sillones, lanzarse bajo las mesas... y sin chocar con nada en la oscuridad. Eso es porque a los gatos les basta una pizca de luz para orientarse durante la noche.

Conos y bastones

Los conos y bastones son las células de nuestros ojos que nos permiten ver. Los bastones se usan para ver con luz baja, y los conos para detectar el color. Estas células absorben la luz y le dicen al cerebro cosas como: "Estás mirando un árbol" u "Oye, ¡algo se está moviendo por aquel lado!" Un ojo humano cualquiera tiene unos 120 millones de bastones. Un gato tiene más de 800, lo que quiere decir que sus ojos son siete veces más sensibles a la luz que los nuestros. Pero los bastones no detectan el color ni los detalles, así que su visión nocturna es bastante borrosa.

Ojos brillantes

Los gatos y muchos otros animales tienen una capa reflectora tras la retina, llamada *tapetum lucidum*. Es como un espejo detrás del ojo que refleja la luz entrante para que las células que la detectan tengan otra oportunidad de absorberla. Si le has tomado foto a un gato de noche o con *flash*, seguramente has visto esos ojos brillantes y siniestros. Es por el *tapetum lucidum*,

OTROS ANIMALES CON OJOS QUE BRILLAN EN LA OSCURIDAD

- Ciervos
- Perros
- Vacas
- Caballos
- Hurones

que refleja el *flash* de la cámara como un espejo. O bueno, puedes decir que es porque tu mascota tiene ojos láser. ¡Zap!

Pupilas

Revísate los ojos en el espejo. Tus pupilas, los círculos negros al centro de tus ojos, son redondas. Las de los gatos, en cambio, son como una semilla de calabaza. Se les llama pupilas verticales porque van de abajo hacia arriba. Esta forma les permite a los gatos ajustar sus pupilas rápidamente, para poder abrirlas mucho durante la noche y dejar entrar mucha luz. Los ojos humanos tienen cosas increíbles, pero para ver de noche no son nada comparados con los de los gatos.

Fíjate en esta foto misteriosa. ¿Adivinas qué es? Respuesta en la página 15.

¿QUÉ TRATA DE DECIR MI GATO?

Es una lástima que don Michi de los Bigotes no pueda pedirte las cosas hablando, pero si pones atención, podrías descifrar el significado de sus mensajes ocultos.

Los ojos: una mirada lo dice todo

Todos los gatos se comunican con la vista. Cuando los ojos de un gato se abren mucho y sus pupilas están muy dilatadas es porque quiere más información del mundo que lo rodea. Quizá quiere jugar o piensa ir de cacería. Pero no te confundas: también se le dilatan si tiene miedo. Entonces hay que observar las otras señales para entender su humor.

Cola esponjada: no te metas conmigo

¿Te has preguntado por qué a tu gato se le eriza la cola cuando se encuentra con otro animal? Algunos gatos erizan todo el cuerpo. Esto se llama piloerección, y tu gato lo hace para verse más grande y terrible de lo que es. Entonces, un gatito erizado quiere decir: ¡Cuidado!

Agradece que no eres mamá de un gato o un perro: para ellas, comer popó de bebé es lo más natural del mundo. Además de que así limpian la madriguera, es una forma de proteger a sus cachorros de los depredadores que podrían detectar el olor. Lo hacen desde que los cachorros nacen hasta que tienen edad para hacer popó en otro lugar. ¡Esas mamás se merecen la mejor tarjeta en su día!

¡RESPUESTA!

¡Es una lengua de gato! ¿Ves esos ganchitos que la cubren? Se llaman papilas y están hechas del mismo material que las uñas. Los gatos usan la lengua para limpiarse, y estas pequeñas garras son para cepillar el pelaje anudado. Lamerse también les ayuda a conservar una temperatura agradable. Distribuye tanto aceites protectores, que actúan como aislante, como saliva, que los refresca al evaporarse.

CÓDIGOS DE COMUNICACIÓN GATUNA

¿Puedes distinguir si tu gato tiene hambre o quiere caricias? Muchos científicos han estudiado cómo los gatos se comunican con nosotros y han descubierto que tienen tres modos de comunicación principales:

Maullido: "Oye. ¡Oye! Oye. Oye. ¡Oye!"

- Los gatitos maúllan para llamar la atención de su mamá.
- Los gatos les maúllan a los humanos para pedir atención o comida.
- Los gatos aprenden a qué responde cada humano y ajustan su maullido para ese humano en particular. De hecho los gatos adultos sólo maúllan cuando hay humanos. ¡Nunca maúllan entre sí!

Siseos y chillidos: "¿Quieres pelea? ¿Eh? ¿Eh?"

- Los gatos tienen varios sonidos de defensa que quieren decir "no te metas conmigo", desde siseos hasta gruñidos.
- Emitir sonidos fuertes los hace parecer más fuertes y feroces, e incluso puede ayudarles a evitar una pelea.
- A veces los gatos gimen en las noches, cuando buscan pareja.

Ronroneo: "¡Quiero toda tu atención!"

- A veces el ronroneo significa gusto o felicidad.
- Otro tipo de ronroneo es el de "solicitud". Tiene un tono más agudo que el ronroneo regular, lo que hace más difícil que los humanos lo ignoren. Tu gato hace este sonido cuando tiene hambre.
- Y luego está el ronroneo de "me siento mal". Algunos científicos piensan que el ronroneo de los gatos puede ayudarles a curar sus heridas.

Humanos del hábitat vs. Atlético animal

DUELO DECISIVO

GATOS vs. PERROS

Ha llegado la hora de una pelea de pelos y patas entre nuestras mascotas favoritas. ¡En esta esquina, los perros, famosos chupacaras y comejuguetes! ¡En la otra, los gatos, esos cazarratones caratiernas! ¿Qué cariñoso contendiente vencerá?

BANDO PERRO

- Los perros te aman incondicionalmente para siempre. Un perro japonés llamado Hachiko esperaba a su humano todos los días en la estación de tren, incluso años después de que él muriera. Ahora la estación tiene una estatua en su honor. ¡Eso es verdadera lealtad!

- ¡Los perros salvan vidas! Olfatean drogas y bombas, rescatan personas de lugares peligrosos y, en el caso de los perros guía, ayudan a su humano a recorrer el mundo a salvo.

- Si tienes un perro, crecerás con menor probabilidad de enfermarte. Esto es porque los perros nos exponen a tantos gérmenes que nuestros cuerpos se vuelven más resistentes a la enfermedad. ¡Perros al rescate! ¡Otra vez!

- La nariz del perro es una de las máquinas olfateadoras más sorprendentes de la naturaleza. Tiene cuatro orificios nasales y más de 100 millones de receptores olfativos.

- Los perros tienen superoído y pueden girar, inclinar, subir y bajar sus orejas para ubicar el origen exacto de los sonidos.

BANDO GATO

- Los gatos son estrellas innatas. Por eso hay tantos videos de gatos en internet.

- Los gatos son muy independientes y pueden sobrevivir por su cuenta. La verdad, no nos necesitan, aunque aceptan con gusto la comida y el techo gratis. Se diría que ellos nos entrenaron a nosotros, y no al revés.

- Uno de los mayores misterios del mundo es el ronroneo. ¿Por qué lo tienen? ¿Es un código secreto? Quizá nunca lo sepamos. Pero, ¿no es relajante?

- Cada parte del ojo de un gato está diseñada para darle visión nocturna superpoderosa. Desde sus millones de células receptoras de luz, hasta la capa reflectora y las pupilas verticales, los gatos son los cazadores nocturnos supremos.

- Los gatos tienen bigotes sensibles que les ayudan a orientarse en la oscuridad. Cuando sus bigotes rozan las cosas, le mandan señales al gato de lo que tiene alrededor. Bigotes: elegancia y utilidad.

¿Qué mascota es mejor: los perros o los gatos?

TÚ DECIDES

CRIATURAS DE LAS PROFUNDIDADES

¿CÓMO RESPIRAN LAS CRIATURAS MARINAS?

Un pez no puede tocar la guitarra, preparar pizza ni caminar. Pero sí puede hacer algo bastante sorprendente: respirar bajo el agua. También pueden hacerlo los calamares, los camarones y muchas otras criaturas. Hay muchísimo oxígeno disuelto en el océano, pero, ¿cómo logran estas criaturas sacarlo del agua y meterlo a su cuerpo? Pues depende de cada animal. Algunos salen a la superficie para tomar aire y contienen la respiración mientras nadan. Otros respiran por medio de branquias. Las estrellas de mar, por ejemplo, absorben el oxígeno del agua directamente por la piel. En serio: ¡por la piel!

Los que usan branquias

Los peces son famosos por sus branquias, pero no sólo ellos las tienen. Presentando a otros miembros del…

¡Club de los BRANQUIeros!

- **Moluscos:** ostras y almejas.
- **Artrópodos:** langostas y cangrejos.
- **Equinodermos:** erizos y estrellas de mar.
- **Cefalópodos:** sepias y pulpos.

Las branquias funcionan de manera similar en todas las criaturas que las poseen: contienen filamentos en forma de helecho que absorben el oxígeno del agua cuando pasa a través de ellos. Los filamentos llevan el oxígeno a la sangre mediante un proceso de difusión.

Difusión: Es el proceso por el que una sustancia se esparce hasta llenar su entorno de modo uniforme, como el oxígeno moviéndose de áreas con más oxígeno a áreas con menos.

Los que usan pulmones

Habrás notado la ausencia de algunas de tus criaturas marinas favoritas en la lista de las que respiran por branquias.

- **Pinnípedos:** focas, morsas y leones marinos.
- **Cetáceos:** ballenas, marsopas y delfines.
- **Carnívoros marinos:** osos polares y nutrias marinas.
- **Sirénidos:** dugongos y manatíes.

Una vez contuve la respiración por treinta segundos. Habría aguantado más, pero me trajeron frituras y hay que respirar para comer. #VivanLasFrituras

Los mamíferos marinos respiran con los pulmones, como nosotros. Casi todas las criaturas que usan pulmones toman aire por las fosas nasales, pero las ballenas lo hacen por espiráculos encima de su cabeza. Después de tomar aire, sus poderosos músculos mantienen el espiráculo cerrado para que el agua no entre en sus pulmones. Los delfines toman aire cuatro o cinco veces por minuto, pero contienen el aliento hasta quince minutos. Las ballenas aguantan más, hasta noventa minutos antes de tomar aire de nuevo.

Cuando las ballenas bucean a gran profundidad, se aseguran de llevar mucho oxígeno, que transportan no sólo en los pulmones sino también en su sangre y en sus músculos. Y saben aprovechar al máximo el oxígeno que guardan; incluso pueden reducir su ritmo cardíaco para llevar su sangre oxigenada a los órganos más importantes.

Pero hasta una ballena necesita tomar aire tarde o temprano. Para eso les sirve el espiráculo. Los científicos creen que hace muchos, muchos años, los ancestros de las ballenas tenían los espiráculos en la cara; o sea, tenían narices. A través de millones de años, las fosas nasales fueron moviéndose de la cara a la parte superior del cráneo. Esto les conviene para nadar y respirar a la vez, pues les basta con nadar cerca de la superficie para que su espiráculo alcance a inhalar y exhalar. ¡Vivan los espiráculos!

Los que usan células

Las ballenas y los peces son increíbles, pero espera a conocer a las medusas. No tienen branquias ni pulmones. Sólo absorben el oxígeno del agua por las células de su piel.

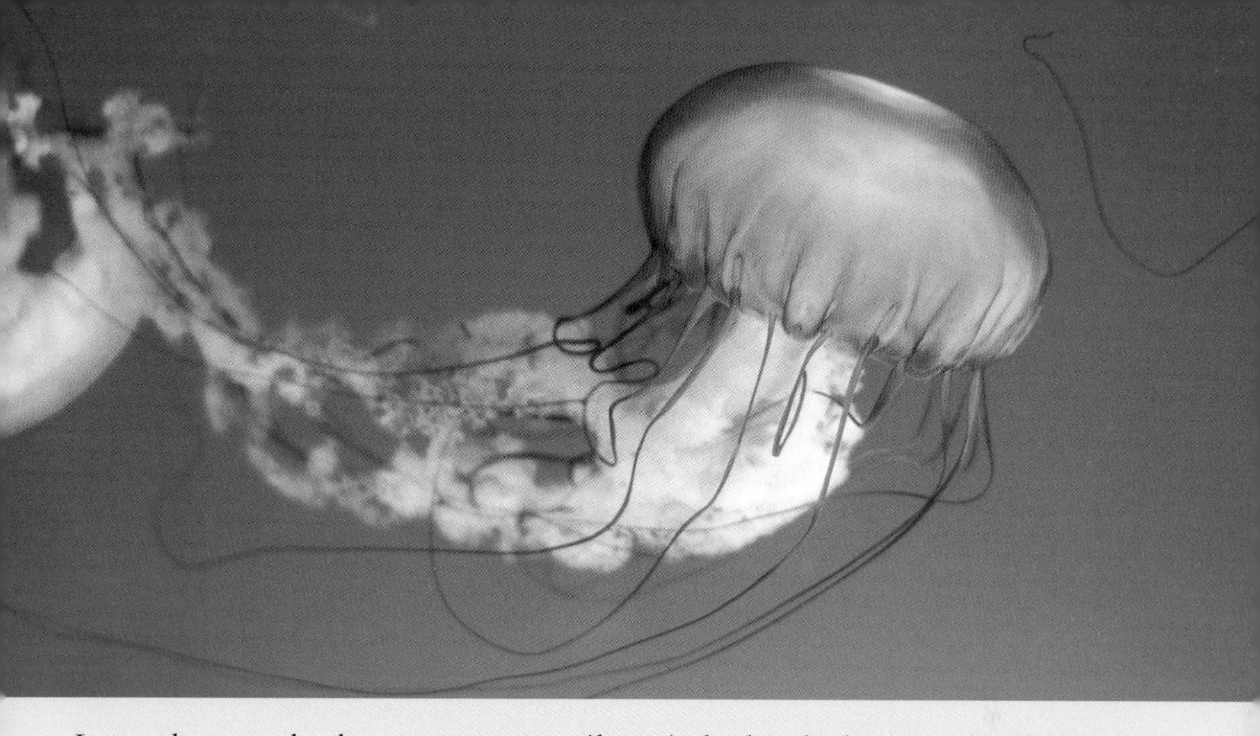

Las medusas pueden hacer esto porque sólo están hechas de dos capas de células: una muy delgada por fuera de su cuerpo y otra igual de delgada que cubre su estómago. Así de fácil. El resto se compone de una gelatina llamada mesoglea. ¿A dónde irías si pudieras respirar por la piel?

Zonas muertas

El oxígeno de la atmósfera se disuelve en la superficie del agua y se esparce por el movimiento de las olas y las corrientes. Las regiones marítimas que no tienen oxígeno suficiente para que haya vida se conocen como zonas muertas.

CÓMO SE FORMAN LAS ZONAS MUERTAS

1. Ciertos nutrientes como el fósforo y el nitrógeno se mezclan en el agua por fertilizantes y desechos de las granjas y ciudades por medio del drenaje y los desagües.
2. Las algas se alimentan del exceso de nutrientes, crecen sin control, se hunden y empiezan a descomponerse.
3. Las bacterias que se alimentan de las algas muertas consumen el oxígeno del agua.
4. Los peces abandonan el área si no hay oxígeno suficiente. Criaturas como ostras, almejas, mejillones y estrellas de mar probablemente morirán.

¿POR QUÉ EL NARVAL TIENE UN CUERNO?

Prepárate para conocer a tu nuevo mejor amigo marino: ¡el narval! Los narvales son un tipo de ballena del tamaño de un automóvil. Su piel es blanca, cubierta de manchas gris oscuro. Si eso no fuera suficientemente atractivo, tienen una característica más distintiva: un largo cuerno retrorcido en espiral.

Así es, estas bellezas nadadoras son como unicornios de la vida real, sólo que sin los brillos ni arcoíris. Ni las pezuñas. Ni las patas.

Aunque en realidad no es un cuerno, sino un colmillo. Uno muy largo y retorcido, que sale por un agujero en su labio superior. Es el único diente en espiral de la naturaleza (hasta donde sabemos). Pero ¿para qué es ese diente tan fantástico?

Hincar el diente en esto

Los narvales no nacen con sus colmillos. De hecho, los narvales hembra

ni siquiera los tienen. Cuando los narvales macho crecen, el colmillo atraviesa el maxilar superior y se alarga, y llega a ser tan alto como una canasta de baloncesto antes de que el narval sea adulto.

Creerías que con semejante colmillo el narval tendría muchos dientes, pero no, es el único; se traga a su presa entera. Sí tienen un segundo colmillo, pero ése nunca crece, salvo en muy raras ocasiones en las que tenemos un narval con dos "cuernos".

Los científicos no saben con certeza para qué diantres es el cuerno; quizá sirve para que el narval macho pueda presumir y atraer hembras.

Otros rasgos para atraer a una pareja

Leones	Melenas
Ballenas jorobadas	Canciones
Venados	Cornamenta
Tortugas Galápagos	Cuellos largos
Pavorreales	Colas
Mono narigudo	Grandes narices
Moscas de la fruta	Vibraciones de las alas

Fraude histórico

Hace cientos de años, los vikingos navegaban los mares del ártico, comerciaban con los pueblos inuit y llevaban colmillos de narval, pero no había tanto mercado para los dientes de ballena. Sin embargo, los reyes estaban dispuestos a pagar cualquier tesoro por cuernos de unicornio, que se creían mágicos. De hecho un rey danés se mandó a hacer un trono de cuernos de unicornio. No fue sino hasta finales del siglo XVIII que se reveló el fraude: el trono era de colmillos de narval.

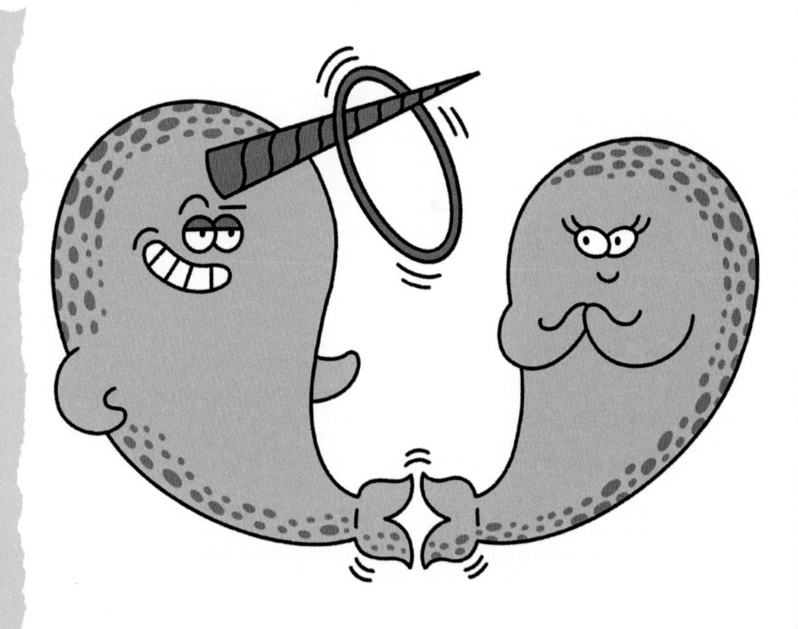

Pero este colmillazo podría tener otras funciones. Existen videos científicos de narvales machos que usan sus cuernos para atravesar bancos de peces y perturbarlos. ¿Están cazando esos narvales? No se sabe con certeza. A través de los años han surgido varias hipótesis científicas sobre el uso del colmillo (desde una herramienta rompehielos hasta una especie de arma), pero hace falta mucha más investigación antes de que los humanos lo sepamos con seguridad.

¿CÓMO HACEN SU SONIDO LAS BALLENAS?

No hay concursos de canto bajo el mar, pero debería. Resulta que en el fondo del océano hay cantantes increíbles: ¡las ballenas! Silban, graznan y sí, cantan canciones hermosas y misteriosas. Pero ¿cómo hacen sus sonidos las ballenas?

Qué dientes tan raros tienes

Hay dos tipos de ballenas: dentadas y barbadas. Las barbadas, en lugar de dientes, tienen barbas que parecen una mezcla de peine y cepillo. Estas barbas filtran el agua para retener a los animalillos diminutos que estas ballenas comen.

Algunas especies de ballenas barbadas:

- Ballena jorobada
- Ballena franca
- Ballena azul
- Ballena gris

¿Sabías que la ballena azul es el animal más grande que existe? Tan sólo su lengua pesa tanto como un elefante entero. Sus ojos son del tamaño de toronjas y sus corazones tan grandes como un automóvil.

Fíjate en esta foto misteriosa. ¿Adivinas qué es?
Respuesta en la página 28.

Mírale el diente a
Los Lucas
Mira, Lucas, tenemos clientes.
Miro que tenemos clientes, Lucas.
Buenas.
Hola, quisiera un... Esperen, ¿los dos se llaman Lucas?
Somos gemelos.
Mamá no quiso pensar en nombres. Bienvenida a...
¡La TIENDA DE DIENTES de Los Lucas!
Donde encontrará todo lo necesario para morder, moler y masticar.
Sólo necesito un diente, nada especial.
Los primeros dientes, que aparecieron hace 400 millones de años, no eran nada especial. Qué tal éste:
Es una placa dental de un pez llamado Placodermo.
Con el tiempo, los peces desarrollaron estas escamas puntiagudas dentro de sus bocas, pero no masticaban tan bien.
Entonces amará este diente de megalodón...
¡Yo amo masticar!
El megalodón fue un tiburón gigante que se extinguió hace 2 millones de años.
Sus dientes puntiagudos contenían bordes de sierra, eran tan grandes como nuestras manos.
Uf, ni siquiera me cabe en la boca.
¡Qué le parece un diente de mamífero! Son excelentes para aplastar la comida y liberar sus nutrientes.
Los incisivos están al frente de la boca de los mamíferos y sirven para trozar la comida.
Mis favoritos son los de castor, diseñados para masticar árboles.
No me apetece masticar árboles.
Más carnívora, ¿eh? Éstos son caninos de un dientes de sable. Cortan a la presa como un cuchillo.
Suena muy sangriento.
¿Quiere un diente vegetariano? Esta muela de elefante sirve para moler las plantas hasta hacerlas rica malteada.
Creo que mejor me conformo con mis dientes. Gracias.
Se fue.
Hay gente que le ve el colmillo a los mejores dientes.

Las ballenas dentadas capturan su comida, principalmente peces y calamares, absorbiéndola hacia su boca o mordiendo y masticando.

Algunas especies de ballena dentada:

- Orca
- Narval
- Cachalote
- Beluga

Si bien las ballenas no tienen cuerdas vocales, su forma de emitir sonidos es parecida a la nuestra. Cuando hablamos, el aire cruza las cuerdas vocales en nuestra garganta. Estas cuerdas vibran, lo cual provoca un sonido, como la caña de un clarinete o saxofón.

En lugar de cuerdas vocales, las ballenas barbadas tienen pliegues en su laringe, que mueven el aire para producir sonido. Las ballenas dentadas no emiten sonido por la boca: utilizan sus espiráculos para emitir chasquidos y graznidos a través de pliegues llamados labios fónicos. Así que un espiráculo no sólo es una clase de nariz: ¡es una nariz que habla!

¡Mi nariz no habla, pero escucha! Bueno, ya, me callo.

¡La respuesta!

¡Es un banco de kril! Las ballenas barbadas dependen del kril para sobrevivir. Estos diminutos miembros de la cadena alimenticia son del tamaño de un clip. Bajo el agua, las ballenas abren la boca para tragar todo el kril que puedan. Luego devuelven el agua por sus barbas dejando el kril en sus bocas. Así que si ves una ballena barbada, le puedes decir: "¡Oye, traes comida en los dientes!"

¿Qué tanto dicen las ballenas?

Los sonidos de ballena recorren el océano a gran distancia y velocidad. No sabemos exactamente qué dicen, pero sabemos lo que podrían decir.

Las ballenas emiten sonidos para:

- Encontrarse.
- Encontrar a su presa.
- Orientarse en la profundidad.

Otros sonidos son más sociales y varían de una especie de ballena a otra. Los expertos aún no saben lo que significan sus distintas llamadas, pero saben, por ejemplo, que cada delfín nariz de botella tiene su propio silbido, el cual crea después de nacer y funciona como su nombre propio. Otros silbidos pueden significar: "¡Hay tiburones cerca!" o "¡Más adelante hay un banquete de peces!"

Ecolocalización

Los narvales, delfines y otras ballenas dentadas producen chasquidos agudos para orientarse y encontrar comida. Esto se llama ecolocalización. Proyectan una onda de sonido con la parte prominente de su cabeza, una estructura esponjosa al frente de su cerebro, que concentra el sonido como una linterna concentra la luz. Cuando uno de estos chasquidos choca con otro objeto en el agua, el sonido vuelve como un eco. Las ballenas usan este eco para calcular la ubicación, tamaño y forma del objeto.

Los científicos piensan que, al volver, los sonidos entran por la mandíbula inferior al oído interno, que los transmite al cerebro. Así, la ecolocalización permite que las criaturas marinas "vean" con el oído.

MEDUSAS PREHISTÓRICAS

Las medusas son los vagabundos supremos. Para donde vaya la corriente, hacia allá va nuestra medusa. Las medusas han flotado por el océano durante millones de años. Aparecen en agua fría y cálida, a la mayor profundidad y en la superficie costera. Algunas son transparentes, mientras que otras son rosas, amarillas, azules o moradas.

Las medusas son tan hermosas como temibles. Los largos tentáculos que cuelgan de ellas pueden causar dolorosas picaduras.

¡Mira, mamá, me transformé!

Durante casi toda su vida, las medusas no tienen la típica forma de campana que conocemos. Las medusas empiezan la vida como pólipos, medusas bebé con forma de columna, con una boca rodeada de tentáculos.

Metamorfosis: Un cambio importante en la forma o estructura de algunos animales; suele darse cuando el animal alcanza la edad adulta.

Estos pólipos se adhieren a superficies sólidas en el fondo del mar y atraen comida a su boca con sus tentáculos. Al crecer, los pólipos experimentan una metamorfosis.

Empiezan tomando la forma de pequeñas torres de neumáticos, y cuando las condiciones son adecuadas, cada ruedita se desprende y se vuelve una pequeña medusa. Este increíble proceso se llama estrobilación y es impresionante si te detienes a pensarlo. ¡Un solo pólipo se convierte en varias medusas!

Las pequeñas medusas empiezan a alimentarse rápidamente, hasta alcanzar su forma adulta: la criatura en forma de campana con barbas que conocemos como medusa.

Las medusas, al contrario de los peces, son invertebradas, esto significa que no tienen columna vertebral. Tampoco tienen corazón, branquias, sangre ni cerebro. ¡Y me siguen ganando al ajedrez! No entiendo.

Estrobilación: forma de reproducción en la que el cuerpo se divide en segmentos, cada uno de los cuales se vuelve un individuo independiente.

CIENTÍFICA GENIAL

Dra. Rebecca Helm

La doctora Rebecca Helm estudia a las medusas en la Universidad de Carolina del Norte en Asheville para aprender cómo ellas y otros animales, como ranas y mariposas, se transforman a través del tiempo. Rebecca dice que las medusas son muy importantes en el ecosistema marino y que entenderlas puede ayudarnos a conservar y proteger nuestro entorno.

¿Por qué pican las medusas?

No es porque les guste dar aguijonazos venenosos, sino porque así capturan a su presa. Cuando una medusa pica a un camarón, éste se queda aturdido el tiempo necesario para que los tentáculos de la medusa lo atraigan hacia su boca. Luego lleva lentamente el bocado de la boca al estómago, donde lo digiere. Después, los fragmentos digeridos del camarón viajan a distintas partes de la medusa. Lo que sobra, como pedazos de caparazón, vuelve a la boca, y lo escupe. Así que las medusas comen y hacen popó por el mismo lugar.

Recuerden que no hay que besar a las medusas.

¡PIPÍ SÍ O PIPÍ NO?

Por muchos años se ha creído que el mejor remedio para el dolor del piquete de medusa es la orina y después raspar los restos de tentáculos. Por desgracia eso no ayuda con el dolor y sólo te deja la pierna lastimada y orinada. Raspar los tentáculos tampoco sirve, porque la presión los hace liberar más veneno. Un remedio que sí funciona es el vinagre: hay que verterlo sobre el piquete y luego quitar los aguijones con unas pinzas (y con guantes). Después hay que aplicar calor a la herida para que el veneno no avance. A falta de vinagre, el agua salada (no potable) también puede servir.

Todas las medusas pican, pero no todas las medusas pican gente. Los tentáculos de una medusa tienen células especiales que liberan veneno, y ese veneno está diseñado para las criaturas que suelen atrapar.

Nosotros somos inmunes al veneno de las medusas que comen invertebrados pequeños, como camarones o cangrejos (porque no somos invertebrados pequeños, como camarones o cangrejos). Podría picarte una de esas medusas y ni lo sentirías, porque no tienes nada en común con sus presas.

Pero con las medusas que comen vertrebrados, como peces, ¡cuidado! Ese aguijón sí se siente, ¡y duele!

Para una medusa, los humanos y los peces nos parecemos mucho, porque somos vertebrados, es decir, tenemos columna vertebral. Cuando una medusa roza a un humano, sus tentáculos sacan células con forma de jeringa, inyectan veneno a lo que tengan cerca. Este veneno causa un dolor agudo y ardiente, que es difícil de quitar.

CIENTÍFICA GENIAL

Dra. Graciela Unguez

La doctora Graciela Unguez es profesora del Departamento de Biología en la Universidad de Nuevo México y estudia a los peces eléctricos. Estos peces tienen miles de pequeñas células en su cola, su pecho o su estómago, que producen electricidad. La más famosa de estos peces, la anguila eléctrica, genera hasta 600 voltios. ¡Eso es 60 veces más que una batería de automóvil! Las anguilas usan sus descargas eléctricas para inmovilizar (y comerse) a peces más pequeños. Graciela busca descubrir cómo es que los peces eléctricos pueden regenerar todo el tejido de sus cuerpos, ¡hasta la columna vertebral!

DUELO DECISIVO

PULPOS vs. DELFINES

Hoy tenemos dos criaturas muy inteligentes en oposición oceánica: una es un cefalópodo, la otra, un mamífero, y las dos son increíbles. ¡En esta esquina, los pulpos! ¡Supercambiaformas de ocho brazos y tres corazones! ¡En esta otra, los delfines! ¡Mamíferos marinos capaces de gran velocidad, saltos espectaculares y ecolocalización! ¿Qué criatura marina será la vencedora?

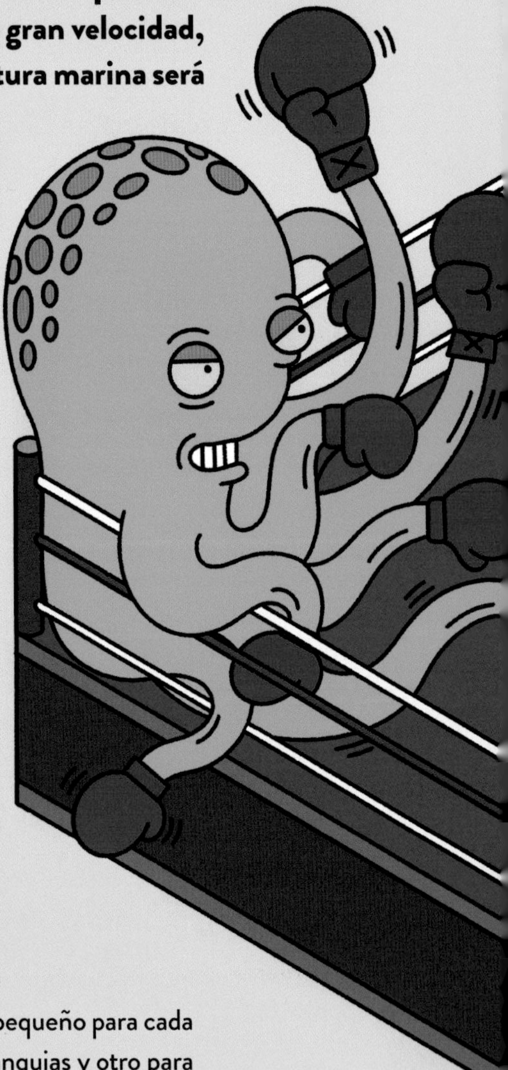

BANDO PULPO

- Estos increíbles animales han existido por más de 296 millones de años, mucho antes de que los delfines llegaran al mar.

- Los pulpos tienen el mejor camuflaje del mundo. Pueden cambiar el color y la textura de su piel para imitar el lecho marino arenoso, un áspero coral verde o un grupo de algas marinas erizadas.

- Con ocho brazos cubiertos de ventosas, ojos gigantes, un cuerpo sin huesos y boca de pico, los pulpos están entre los animales más raros y fascinantes del planeta.

- Los pulpos producen tinta y la guardan en una bolsa de su cuerpo. Cuando ataca un depredador: ¡fuuush!, la nube de tinta le permite al pulpo escapar.

- Los pulpos tienen nueve cerebros: uno central y uno más pequeño para cada tentáculo. Además tienen tres corazones: dos para sus branquias y otro para el resto de su cuerpo.

BANDO DELFÍN

- Hace 50 millones de años, animales terrestres con pezuñas migraron al océano y evolucionaron a los inteligentes y divertidos delfines que amamos y conocemos. Sus narices se movieron encima de su cráneo y se volvieron espiráculos, sus patas delanteras se volvieron aletas y las traseras formaron lo que ahora es su cola. Genial, ¿no?

- Un delfín es más que una cara bonita: son temibles máquinas de nadar. Algunas especies han alcanzado velocidades de hasta 50 kilómetros por hora. También son saltadores épicos, capaces de alcanzar hasta 10 metros de altura. ¡Tanto como una casa de tres pisos!

- Al usar la ecolocalización, los delfines pueden distinguir entre un balín y un grano de maíz a 15 metros de distancia.

- ¡Los delfines se curan! Aún no sabemos cómo, pero un delfín herido de gravedad por un tiburón se recupera sin ayuda en pocas semanas.

- El cerebro de un delfín, comparado con el resto de su cuerpo, es el segundo mayor del reino animal. Sólo nosotros tenemos mayores cerebros para nuestro cuerpo.

¿Qué criatura marina es más genial: el delfín o el pulpo?

TÚ DECIDES

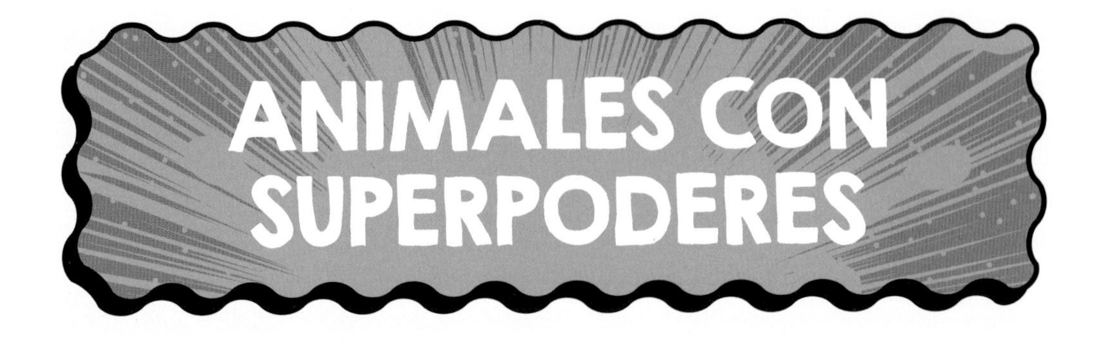

SUPERREGENERACIÓN

Todos sabemos lo que pasa cuando te cortas o te raspas: te sale una costra, tratas de no rascarla y un tiempo después te curas. El cuerpo humano se puede curar hasta cierto punto. Podemos repararlo si nos cortamos con un papel, pero no si perdemos un brazo. Eso sería absurdo. Aunque no para la salamandra.

Estos animales tan especiales ¡pueden regenerar las partes de su cuerpo! Una especie de salamandra acuática, el ajolote, es particularmente genial, además de precioso. Estas salamandras pueden regenerar sus patas, su cola y hasta partes de su cerebro, corazón o mandíbulas.

¿Dónde quedó mi bocado?

Si una garza pesca a un ajolote por la cola, el ajolote puede escapar (¡adiós, pajarraco!), dejando su cola atrás. La garza se queda preguntándose qué pasó.

Y entonces el cuerpo del ajolote entra en acción. La herida se cierra como la de un humano, pero en lugar de cicatriz se forma algo que llamamos un blastema.

Después de unos días, las células del blastema pueden tomar la forma de otras células: de músculo, de hueso, nerviosas o de sangre. Estas células cooperan para reconstruir la parte del cuerpo perdida, así como lo hicieron cuando el ajolote estaba creciendo dentro del huevo.

Blastema: Grupo de células con la habilidad de desarrollar una nueva parte del cuerpo.

Los científicos están buscando maneras de copiar los superpoderes de las salamandras. Imagínate si pudieran volver a crecer nuestras extremidades o nuestro hígado o corazón. ¡Con algo de suerte, eso es lo que puede enseñarnos nuestro amigo el ajolote!

EL CLUB DE LA REGENERACIÓN

- Las salamandras y estrellas de mar pueden regenerar miembros perdidos.
- Un pepino de mar puede regenerar órganos internos, como el intestino, y curarse de heridas profundas.
- Las planarias regeneran la cabeza si se les parte en dos.
- Los ciervos regeneran sus astas.
- Los lagartos regeneran la cola.

SUPERSUEÑO

El ritmo circadiano es como un reloj biológico que mantiene el horario de nuestro cuerpo. A los humanos la luz solar nos hace despertar y comenzar el día. Cuando cae la noche, nuestro cerebro sabe que es hora de dormir. Pero ¿qué hay de esos animales con el superpoder de dormir durante varios meses? Un poder que nos da muchísima envidia, por cierto. ¿Qué clase de ritmo circadiano provoca algo así?

PRONUNCIA esto: CIR-CA-DIA-NO

Ritmo circadiano: El reloj natural interno que marca la hora de hacer cosas como despertar, comer o ir a dormir.

El suslik ártico, o ardilla terrestre, es uno de los mejores hibernadores del mundo. Duerme durante el invierno, cuando no hay suficiente comida para alimentarse. Suele dormir de siete a ocho meses cada año. Los osos también tienen periodos largos de hibernación, de cinco a siete meses. Pero eso no es nada comparado con el lirón gris, que puede hibernar por once meses.

Hora de sacudirse

Al suslik ártico no necesitas decirle "mantén la cabeza fría". Es experto en el tema. Al hibernar, estas ardillas pueden reducir sus temperaturas hasta igualar el clima helado que las rodea. Pero aun con temperatura corporal bajo cero, no se vuelven paletas de suslik. Esto es gracias a un proceso llamado superenfriamiento. Cada dos o tres semanas, sin necesidad de despertar, el suslik tiembla y se sacude por unas quince horas para recuperar su temperatura normal. Cuando deja de temblar, su temperatura vuelve a descender por debajo de cero.

"HACE MUCHO CALOR, ¡DESPIÉRTENME EN OTOÑO!"

Algunos animales hibernan en verano. Esto se conoce como estivación, en lugar de hibernación. Las tortugas del desierto, los cocodrilos y algunas salamandras se mueven bajo tierra, donde está más fresco y húmedo, para sobrevivir a los meses secos y cálidos del verano.

¿Qué hora es?

Los científicos han descubierto que el ritmo circadiano se desconecta durante la hibernación, y lo reemplaza el ritmo circanual. Este ritmo es el que le permite al animal saber cuándo meterse a una cueva y cuándo salir de nuevo. Pero exactamente cómo es que los osos, ardillas y otros hibernadores saben a qué hora despertarse a comer sigue siendo un misterio para la ciencia.

SUPERCAMBIAFORMAS

Si fueras un espía con un disfraz supergenial que te permitiera cambiar de forma y textura en un parpadeo, te llamarían Agente Sepia. Las sepias son maestras del camuflaje. Estas asombrosas criatruas usan una mezcla de tres colores y dos capas de piel para convertirse en los cambiaformas supremos.

¿Qué es una sepia?

La sepia es parte de la familia de los cefalópodos, que incluye pulpos y calamares.

Fíjate en esta foto misteriosa. ¿Adivinas qué es? Respuesta en la página siguiente.

Las sepias tienen muchísimas habilidades increíbles, pero al mejor es cómo cambian de color. El camuflaje de las sepias es el más avanzado en el reino animal.

La palabra "camuflaje" viene del francés *camouflage*, que a su vez viene del italiano *camufflare* (disfrazarse), *capo* (cabeza) + *muffare* (envolver), del latín medieval *muffula* (prenda de lana), que a su vez deriva del antiguo germánico *molwic* (suave) + fell (piel). ¡Me encanta la gramática! (Que viene del francés antiguo *gramaire*, originalmente del griego *gramma*, que quiere decir "letra", pero viene del griego, latín y francés antiguo como...).

Las sepias y otros cefalópodos tienen millones de diminutos órganos de colores en la piel llamados cromatóforos. Son como bolsitas en la superficie de la piel, llenas de colores. Tienen tres tonos: amarillo, rojo y pardo. La sepia puede expandir o contraer sus cromatóforos, mezclando sus colores para igualar su entorno. Pero eso sólo es una parte de esta habilidad. La sepia tiene una segunda capa de piel con proteínas que reflejan la luz. Es como vestirse con espejos. Las sepias pueden manipular esos espejos para reflejar los azules, verdes y hasta morados que le llegan de la luz submarina.

Cromatóforo: Una célula que contiene pigmentos.

¡La Respuesta!

¡Es una pata de araña! Casi todas las arañas tienen patas cubiertas de pelusa, compuesta a su vez de cabellos aún más pequeños. Toda esta pelusa le permite a una araña caminar por las paredes. Estos cabellos y sus divisiones tienen una punta en forma de espátula, para que la sección que toca la pared sea lo más ancha posible. Así se adhieren gracias a la interacción molecular. Si acercas dos moléculas entre sí, hay una pequeña fuerza de atracción entre ellas, como con los imanes. Nosotros no la sentimos cuando tocamos algo, pero estos pequeños cabellos tienen superficies tan amplias para su tamaño que la fuerza es suficiente para que la araña camine por la pared.

Gracias a esta combinación de cromatóforos, colores y proteínas refractoras, una sepia puede crear cualquier color. Se podría decir que son artistas del camuflaje.

Y si eso no bastara, las sepias mejoran su camfulaje gracias a las papilas en su piel. Estos pequeños bultos pueden volverse lisos, rugosos o puntiagudos. Eso ya es una piel muy inteligente.

PRONUNCIA esto: CRO-MA-TÓ-FO-RO

Y las sepias pueden cambiar de color y textura ¡en menos de un segundo! En lo que tú sacas la lengua, ¡una sepia puede camuflarse tres veces! ¿Cómo hacen tantas cosas tan rápido? Seguimos buscando la respuesta.

Llevo todo el día en el laboratorio... ¡Pero lo logré! ¡Inventé los caramelomatóforos!

¿Los qué?

Caramelomatóforos. Son como caramelos normales, ya sabes, de azúcar y sabores artificiales... pero cambian de color según el plato en el que los pongas. ¡Así nadie se da cuenta de que tienes caramelos!

¿Me das uno?

¡Claro! Bueno, en cuanto los encuentre. Sé que los puse por aquí...

SUPERAPESTOSOS

Imagina que sales de paseo una cálida noche de verano. El sol acaba de ponerse, llevas tus sandalias favoritas, sopla una brisa perfecta. No, espera. ¿Qué es ese olor? Oh, no. Pero sí. ¡UN ZORRILLO!

Los zorrillos atacan a sus depredadores con una fétida mezcla química que no sólo apesta: irrita los ojos y asfixia los pulmones. Si no tuvieran esta defensa, los lentos zorrillos no podrían escapar del peligro o de un perro curioso.

Pero los zorrillos no son los únicos animales con superpeste. Los buitres comen la carne podrida de animales muertos. Cuando algo vivo amenaza a un buitre, éste le vomita encima. El olor a vómito de buitre suele bastar para espantar al depredador más hambriento. La zarigüeya, por su parte, se paraliza cuando está en peligro, se queda totalmente quieta por horas, engañando a zorros, búhos y coyotes para que la crean muerta y poco apestosa. Pero si un depredador es muy insistente y no quiere irse, la zarigüeya se

El doctor Ricky Lara, de la Universidad de California, es un experto en lo hediondo de la chinche hedionda. Ese extraño olor es un químico natural que conforma el sistema de defensa de estos insectos. La chinche hedionda libera su olor cuando hay depredadores cerca. Ricky nos cuenta que, curiosamente, las chinches saben mucho mejor de lo que huelen. Incluso existen recetas para salsa de chinche y galletas de chinche con chispas de chocolate.

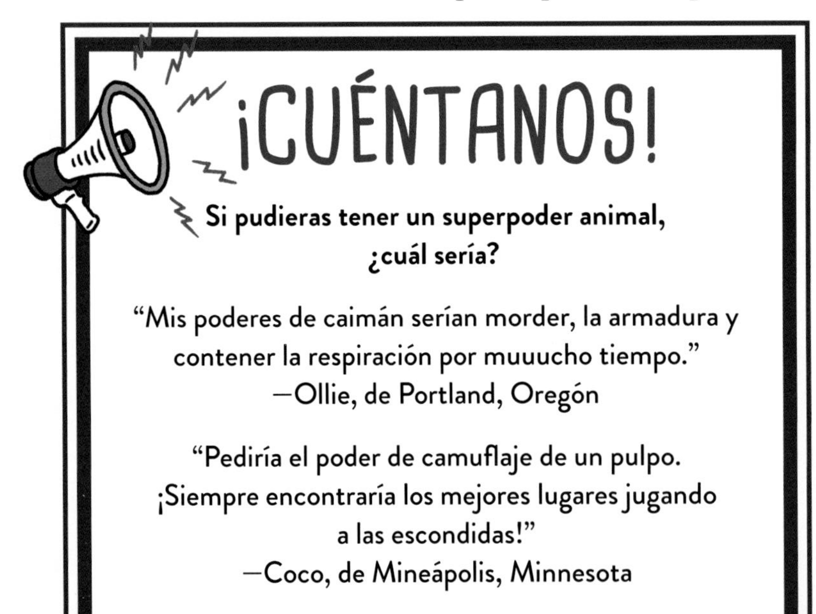

¡CUÉNTANOS!

Si pudieras tener un superpoder animal, ¿cuál sería?

"Mis poderes de caimán serían morder, la armadura y contener la respiración por muuucho tiempo."
—Ollie, de Portland, Oregón

"Pediría el poder de camuflaje de un pulpo. ¡Siempre encontraría los mejores lugares jugando a las escondidas!"
—Coco, de Mineápolis, Minnesota

pone ruda, y hace una popó verde extrapestosa. Prueba de que a veces la mejor defensa es por la espalda.

SUPERVISTA

¿Cómo le dicen las libélulas a los velociraptores? Raptores. Esto es porque las libélulas ven a gran velocidad, haciendo que nuestros movimientos más rápidos se vean en cámara lenta.

Los científicos han descubierto que mientras más pequeño es un animal o más rápido su metabolismo, más rápida es su vista.

Así, las moscas cazadoras y las libélulas, que alcanzan los 50 kilómetros por hora, pueden perseguir y lanzarse contra su presa sin perder un segundo. Los ojos de insecto tienen fotorreceptores que les permiten reaccionar rápidamente para evitar depredadores o capturar a su presa. Así que la próxima vez que trates de atrapar una mosca y falles, no te sientas mal: estás compitiendo contra una minicámara de alta velocidad con alas. Nosotros sólo somos humanos lentos. Pero bueno, vivimos mucho más.

ANIMALES CON VISTA SUPERVELOZ

- Libélula
- Ardilla listada
- Colibrí

¿Sabías que aunque vemos el mundo como un video continuo, en realidad estamos ordenando en secuencia montones de imágenes que los ojos le envían a nuestro cerebro? Es como un libro animado. Los humanos vemos 60 imágenes por segundo, las tortugas, 15 y las moscas, 250.

Dra. Paloma González Bellido

La doctora Paloma González Bellido, de la Universidad de Minnesota, estudia cómo los insectos ven el mundo y capturan a sus presas. Ella y su equipo crían moscas cazadoras y libélulas en su laboratorio para aprender cómo es que estas criaturas cazan al vuelo. ¿Cómo es posible estudiar el cerebro de un insecto? Pues las ve por un microscopio y usa pequeños electrodos en sus cerebros para medir su actividad. Algún día esta investigación podría llevar a grandes descubrimientos para mejorar la vista humana.

DUELO DECISIVO

CARIBÚ vs. MARIPOSA MONARCA

Es hora de una batalla entre dos grandes migrantes que pueden viajar miles de kilómetros sin mapa ni brújula. En esta esquina, ¡el caribú! Ese cuadrúpedo peludo que vaga por el ártico en gigantescas manadas. Y en esta otra, ¡la mariposa monarca! La realeza de los insectos que vuela miles de kilómetros a su territorio de cría. ¿Qué migrante es el más magnífico?

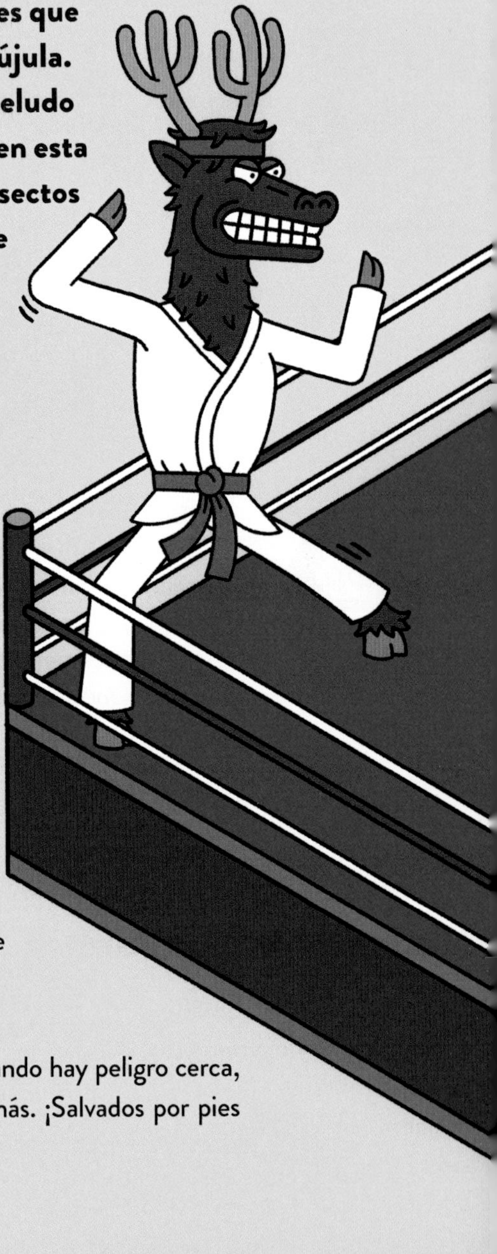

BANDO CARIBÚ

- Estos supermigrantes pueden viajar más de 4 000 kilómetros cada año entre regiones de Alaska y Canadá.

- El caribú, también conocido como reno, es el único ciervo que presenta astas tanto en machos como hembras. Utiliza estas astas para cavar la nieve en busca de comida. ¡Adornos geniales para todos!

- Tiene pezuñas "patásticas", que se pueden extender para funcionar como zapatos de nieve en invierno o como aletas para nadar.

- ¿Crees que en tu auto cabe mucha gente? ¡El caribú de Grant forma manadas de hasta 169 000 individuos!

- El caribú tiene glándulas de olor cerca de los tobillos. Cuando hay peligro cerca, agita las patas para liberar un aroma que alerta a los demás. ¡Salvados por pies apestosos!

BANDO MARIPOSA MONARCA

- La pequeña mariposa monarca puede viajar más de 4 000 kilómetros para llegar a su territorio invernal en California y México.

- ¡La mariposa monarca es venenosa! Esto se debe a que, cuando son orugas, comen montones de algodoncillo, que es venenoso. Así que sí somos lo que comemos.

- ¡Pueden probar la comida con los pies! Esto les ayuda a saber dónde poner sus huevos. Simplemente aterrizan en una planta y la prueban para ver si sus bebés oruga podrán comerla.

- Las alas de la mariposa monarca están cubiertas de minúsculas escamas superpuestas, como las tejas de un techo. Estas escamas ayudan a la mariposa a llegar más alto en el despegue. La mariposa va perdiendo sus escamas con el tiempo, así que se puede calcular la edad de una mariposa monarca a partir de las escamas que le quedan.

- Cada mariposa viaja al sur por su cuenta, pero al llegar se reúne con otras bajo un árbol. ¡Algunos árboles quedan cubiertos por decenas de miles de mariposas a la vez! Es un espectáculo digno de verse.

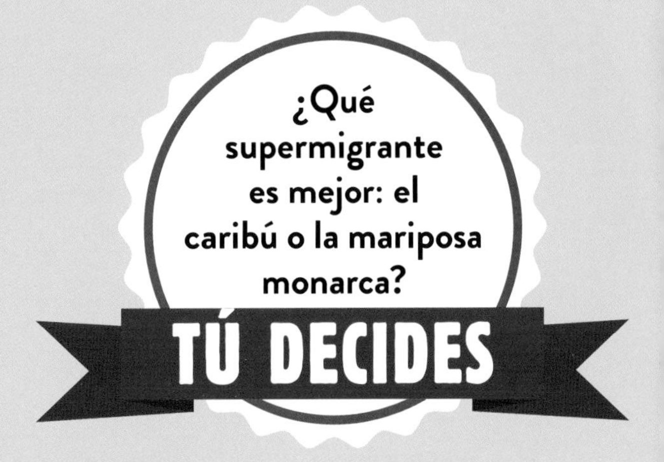

HORA DE HMMM

¿CÓMO ES QUE VUELAN LAS ARDILLAS VOLADORAS?

En realidad la ardilla voladora no vuela: planea. Tiene pliegues de piel entre las patas y el pecho, y cuando salta de una rama con sus extremidades extendidas, es como si saltara en paracaídas.

¿LOS ANIMALES MARINOS BEBEN AGUA SALADA?

Todos los mamíferos necesitan agua para sobrevivir, pero el agua salada les hace daño. La ciencia se ha preguntado por años de dónde sacan los mamíferos marinos el agua que necesitan. Actualmente, los expertos piensan que las ballenas, los delfines y otros mamíferos marinos necesitan mucha menos agua que los terrestres. Obtienen casi toda esa agua de las otras criaturas marinas que comen, y sus riñones filtran la sal.

¿LOS ELEFANTES SÍ LE TEMEN A LOS RATONES?

No pero sí. Los elefantes no ven muy bien, así que es normal que los asuste algo que pasa corriendo rápidamente. No tiene que ser un ratón; los puede asustar cualquier animal pequeño que esté tan loco como para hacer movimientos repentinos junto al animal terrestre más grande del planeta.

¿POR QUÉ LOS PEREZOSOS SON LENTOS?

El perezoso se mueve lentamente por varias razones. La primera es por protección: si están quietos, los halcones y jaguares no los detectan tan fácilmente. También lo hacen para conservar energía, pues su dieta de hojas no les da mucha grasa o proteínas, así que su metabolismo es lento. Y pueden retrasarlo aún más mientras nadan y así contener la respiración hasta por ¡cuarenta minutos! A veces conviene ser lento.

¿POR QUÉ EL GUEPARDO ES TAN VELOZ?

El guepardo puede alcanzar los 100 kilómetros por hora; esto lo hace el mamífero más veloz de la Tierra. Todo su cuerpo está hecho para la velocidad, desde sus fuertes patas y espalda flexible hasta sus enormes pulmones. Incluso sus garras únicas les permiten aferrarse al suelo al correr, como zapatos deportivos. Su increíble velocidad le permite perseguir liebres, impalas y cachorros de ñu a plena luz del día, mientras que los leones y leopardos deben esperar al ocaso para cazar.

¿POR QUÉ EL FLAMENCO ES ROSA?

Los flamencos tienen plumaje blanco al nacer. Se vuelven rosas porque su dieta es rica en alimentos con pigmentos rojos como camarón, caracol y algas. ¡Imagínate que te volvieras del color de tu comida favorita!

¿POR QUÉ LA LENGUA DE LAS RANAS LLEGA TAN LEJOS?

Las ranas pueden cazar moscas al vuelo en menos de un parpadeo, gracias a sus increíbles lenguas. La lengua de una rana llega a medir un tercio de su longitud total. Si tu lengua fuera así de larga, ¡podrías lamerte el ombligo! Nadie está diciendo que quieras hacerlo, ¡qué asco! La lengua de las ranas también es diez veces más blanda que la de un humano, lo que le permite estirarse como plastilina.

¿CÓMO CONSIGUE SU CONCHA EL CARACOL?

Los caracoles nacen con su concha, aunque se ven muy diferentes. Las conchas de caracol bebé son muy delgadas y parecen más zapatilla de cristal que concha. Un caracol necesita calcio para que su concha se endurezca. Su primera comida suele ser la cáscara de su propio huevo, que es rica en calcio. Al crecer el caracol, la concha crece con él.

Parte 2
PLANTAS

¿CÓMO CRECEN LAS SEMILLAS?

¿Piensas que sabes de plantas? ¿Que son verdes y aburridas? No sabes nada. ¡Las plantas son la acción en persona! Envían mensajes secretos, combaten a sus enemigos. ¡Algunas comen carne! Los árboles, por ejemplo, sobreviven a peligros terribles para convertirse en los poderosos gigantes que conocemos.

Para un árbol, crecer es como jugar un videojuego: completas un nivel y pasas al siguiente. Toma el control y prepárate para jugar.

¡Llueven semillas!

Lo mejor de la vida es tomar chocolate junto al fuego. A menos que seas un árbol porque: 1) los árboles no toman chocolate y 2) ¡EL FUEGO QUEMA ÁRBOLES! Aunque algunas veces el fuego ayuda a algunos bosques. Por ejemplo, quema todas las hojas y ramas secas que se quedan en la tierra. Hecha esta limpieza, el suelo queda despejado para que crezcan nuevas plantas. Y algunos árboles dependen del fuego para iniciar su ciclo de crecimiento.

La secuoya gigante tiene una corteza muy gruesa (de hasta medio metro) que funciona como armadura contra el fuego y contiene un químico llamado ácido tánico, que protege al tronco contra la combustión.

Fotosíntesis: Proceso por el cual las plantas y árboles usan la luz para convertir agua y dióxido de carbono en glucosa y oxígeno.

Así que a las secuoyas las afectan muy poco los incendios forestales. Pero ocurre algo curioso cuando el calor alcanza la copa de los árboles. Todas las secuoyas tienen piñas. El calor intenso abre las piñas, lo que hace que millones de semillas de secuoya gigante lluevan en el bosque, tras lo cual el viento las dispersa a enormes distancias.

Mi rama de estudio favorita es la RAMA: ¡Recorrer Áreas Mirando Árboles!

Un solo árbol llega a tener hasta 30000 piñas, cada una con 200 semillas, aunque sólo algunas sobrevivirán y subirán de nivel a "árbol". Muchas llegan a sitios demasiado secos, y otras son pisoteadas o devoradas. Pero las pocas que consiguen llegar a tierra y germinar prosperan sin ninguna competencia, salvo por otras secuoyas, dado que todo lo demás ya se quemó.

Triviaje

El roble norteamericano produce más nueces al año que todos los otros árboles de la región. Pero cada tres o cuatro años, los robles producen muchas, muchísimas más bellotas de lo normal. Durante estos "años de nuez", un solo roble puede producir hasta 10 000 bellotas. Este tremendo excedente significa que hay mayor posibilidad de que algunas de estas nueces se vuelvan robles bebé, en lugar de que se las coman los animales que viven de bellotas, como las ardillas, los arrendajos y los osos.

Germinar: Brotar o empezar a crecer.

¿? FOTO MISTERIOSA

Fíjate en esta foto misteriosa. ¿Adivinas qué es? Respuesta en la página 54.

Visitando el Salón de la fama de los árboles

EL MÁS ALTO

Hyperion

Esta tremenda secuoya roja tiene cerca de 700 años y mide 115 metros de alto, ¡más que la Estatua de la Libertad! Los científicos creen que pudo ser aún más alto, pero unos pájaros carpinteros truncaron su copa.

PARQUE NACIONAL DE REDWOOD, CALIFORNIA

EL MÁS VIEJO

Methuselah

Este pino tiene más de 4 800 años de edad, lo que lo hace el árbol más antiguo conocido en el mundo. ¡Es más viejo que las pirámides! Su ubicación exacta se mantiene en secreto para protegerlo de los turistas; le gusta la privacidad.

BOSQUE NACIONAL DE INYO, CALIFORNIA

EL MAYOR

General Sherman

Esta secuoya gigante mide 83 metros de alto y 11 metros de diámetro, lo que lo hace el árbol de mayor volumen en el mundo. Su tronco pesa unas 1 400 toneladas, ¡tanto como quince ballenas!

PARQUE NACIONAL DE LAS SECUOYAS, CALIFORNIA

¿Cómo esparcen los árboles sus semillas?

Las secuoyas y árboles frutales no son las únicas plantas con métodos ingeniosos para esparcir sus semillas. Aquí hay algunas otras plantas que saben viajar con estilo:

- Los árboles de maple sueltan semillas con alas como hélices, para que puedan volar lejos.
- Las semillas de cardillo están cubiertas de ganchillos que se prenden al pelaje de los animales para que las lleven a nuevas regiones.
- Las semillas de diente de león flotan en el viento, ¡como pequeños planeadores!
- Los cocos ruedan a diferentes zonas al caer de las palmeras. Algunos acaban en el mar, que los lleva flotando a otra costa para convertirse en otra palmera. ¡Buen modo de empezar la vida!

MOMENTO YIU

POPÓ CON PROPÓSITO

Hay muchas formas de viajar; en bota o en bote, en camión o en avión. Y aunque no lo creas, te lo digo yo: se puede también viajar en popó. Al menos algunas semillas lo hacen. Un árbol gasta muchos nutrientes y energía en hacer fruta, pero vale la pena porque los animales aman la fruta, y la fruta tiene semillas. Un animal que come la fruta de un árbol ayuda a esas semillas a moverse. Por ejemplo, los bichos que comen manzana se llevan las semillas en el intestino al caminar, y cuando hacen popó, esas semillas quedan rodeadas de fertilizante fresco, ¡con lo que pueden brotar enseguida! Brillante, ¿no?

¡La respuesta!

¡Es un cardillo! Los cardos (cada uno de los cuales lleva dos semillas) se prenden con sus ganchitos a los animales que pasan, como perros, para caer en terreno fértil y crecer como plantas nuevas.

Fraude histórico

En 1894 un editor de periódico en Colorado tuvo una idea para promover la cosecha de papas de un amigo. Tomaron la fotografía de una papa, la agrandaron y pegaron la foto aumentada en un tablón. Después fotografiaron al granjero Joseph B. Swan sosteniendo la papa "gigante" de 40 kilos y publicaron la foto en el diario local. *Scientific American* no tardó en dar con la imagen, ¡y la imprimió en su revista! Para cuando los editores se dieron cuenta de que había sido un engaño, el granjero Swan ya tenía pedidos de semillas de la papa gigante.

¡CUÉNTANOS!

Imagina que eres un árbol. ¿Cómo diseñarías tus semillas para que se esparcieran a gran distancia?

"Inventaría una semilla con un hadita dentro, y cuando la semilla estuviera lista para caer, el hadita saldría, la llevaría, buscaría un lugar lindo y plop."
—Izzie, de Baltimore, Maryland

"Usaría la clásica técnica de hélice y me basaría en el viento para impulsar la semilla lejos de donde cayó."
—Julius, de Londres, Inglaterra

Anatomia de una semilla

Las semillas pueden ser tan pequeñas como un grano de arena o tan grandes como un coco, pero todas tienen las mismas tres partes básicas:

1. Embrión: una planta en desarrollo dentro de la semilla.
2. Endosperma: tejido que sirve de alimento al embrión.
3. Tegumento: la cubierta que protege al embrión de morir o recibir daños.

Las semillas necesitan humedad y oxígeno para que el embrión crezca, atraviese su envoltura y empiece a brotar.

¿Pueden los árboles hablarse?

Los árboles parecen del tipo rudo y callado, pero en realidad todo el tiempo se mandan mensajes secretos entre sí, advirtiéndose del peligro, preparándose contra un ataque, burlándose de que los arbustos son muy bajitos... Bueno, eso último no es seguro. Los árboles hacen todo esto enviando mensajes químicos por el aire y las raíces. Cuando ciertas especies de árboles son atacadas por insectos u otros animales, pueden pedir auxilio a través del aire en forma de moléculas de olor.

Los árboles cercanos detectan estas moléculas por medio de sus hojas y responden inundando esas hojas con químicos llamados taninos, que les dan a las hojas un sabor amargo e incluso hacen que algunos atacantes se enfermen.

Triviaje

En 2012, científicos rusos resucitaron una planta que vivió hace 32 000 años. Una ardilla de la era de hielo enterró semillas de *Silene stenophylla* en Siberia, ¡y aparecieron 30 000 años después bajo 40 metros de suelo congelado! La planta dio delicadas flores blancas, y no parece haber envejecido ni un milenio.

Se ha descubierto que algunos árboles se conectan bajo tierra usando una red de hongos. Los hongos subterráneos dependen de los árboles porque no pueden hacer fotosíntesis de sus propios alimentos (dado que están lejos de la luz del sol), así que suelen crecer cerca de las raíces, donde reciben parte de la glucosa que los árboles producen de forma natural. A cambio, estos organismos hacen nutrientes para los árboles como fósforo y nitrógeno. ¡Eso es cooperación! Además, los hongos se extienden a grandes distancias bajo tierra, como cables telefónicos. Si un árbol está en problemas, puede enviar señales químicas que viajan de un árbol a otro a través de esta red de hongos. Es como un internet de plantas, con más raíces y menos videos de gatitos.

Fungi: Un reino de organismos vivos que no son ni plantas ni animales. Algunos tipos son la levadura, el moho y los champiñones.

¡Las raíces son lo mejor!

Por cientos de millones de años, los árboles han evolucionado para obtener la humedad y nutrientes que necesitan del suelo y atraerla hacia arriba a las ramas y hojas de sus copas.

- Las raíces absorben agua del suelo.
- Cuando la humedad de las hojas se evapora, entra en acción un poderoso efecto de succión que sube agua a través de estrechos ductos en el tronco. Es como tomar agua con pajilla.
- Esas "pajillas" llevan agua a cada parte del árbol. Así que, la próxima vez que veas un árbol, imagina que hace ¡chuuupp!

Quizá no podemos hablar con los árboles, pero vale la pena poner atención. Elige un árbol y pasa tiempo con él. Fíjate en sus olores. Estudia su corteza. Escucha cómo suena el aire en sus hojas. Los árboles son callados, pero resultan una excelente compañía.

Fíjate en esta foto misteriosa . ¿Adivinas qué es? Respuesta en la página siguiente.

¡La Respuesta!

¡Son raíces de durián! Las raíces estan cubiertas con cientos y cientos de filamentos que les permiten absorber agua. Pero las raíces no sólo absorben agua; también devuelven humedad al aire por transpiración. ¡Es casi como exhalar!

¡Las raíces también son muy fuertes! Están ancladas al suelo para evitar que los enormes troncos se caigan. Mantienen la tierra en su sitio e impiden que se deslave con las lluvias.

Con el tiempo, pueden incluso atravesar tuberías y banquetas. Las raíces son totalmente los músculos del mundo arbóreo.

¡QUÉ FINO PINO!

Los árboles perennifolios o "siempreverdes" no son realmente siempre verdes, no del todo. Las coníferas como el pino sí pierden su follaje, pero el ciclo es mucho más lento que el de los árboles que pierden sus hojas cada otoño. Pueden pasar dos o tres años para que un pino pierda su follaje, pero se tornará rojizo antes de caer, y no caerá todo a la vez. Por eso los pinos parecen ser siempre verdes.

PRONUNCIA esto: CO-NÍ-FE-RA

¡COCINANDO CON CATI!
Botanitas botánicas
¡Bienvenidos a mi canal! Mi invitada de hoy es Sauce, que ha prometido cocinarnos una rica botana. Esperemos que sean pastelitos.
No son pastelitos, Cati, sino algo igual de delicioso: glucosa.
¿Glucosa?
Hago mi propia comida usando lo que tengo alrededor, como agua y... a ver, sóplame.
¡Hmmm, dióxido de carbono! Uno de los ingredientes principales.
Ahora agregamos una pizca de sol. Mi hermosa clorofila verde absorbe la luz, lo que causa una reacción química que ayuda a deshacer las moléculas de agua.
Y cuando deshaces el H_2O, obtienes hidrógeno y oxígeno.
Me encanta el oxígeno.
Tengo el que necesitaba, así que te regalo lo demás. Ahora voy a combinar el hidrógeno y el dióxido de carbono para hacer...
¡Pastelitos!
No, no. ¡Obtengo $C_6H_{12}O_6$! ¡Es decir, glucosa! Que en realidad es azúcar.
¡Rico! Bueno, en mi siguiente video jugaremos a ¿Qué es ese olor? El juego en el que huelo mis sobras y decido si mejor como eso. ¡Suscríbanse!

¿CÓMO SE DEFIENDEN LAS PLANTAS?

Las plantas poblaron tierra firme hace más de 400 millones de años, con un solo propósito: ¡DOMINAR EL MUNDO! Ahora hay plantas por todas partes, porque son expertas en adaptarse, o sea, cambiar para sobrevivir. Por ejemplo, ¿sabías que las plantas tienen su propio ritmo circadiano? Es decir, ajustan su reloj biológico a los ciclos del sol.

Algunas flores se abren de día y se cierran de noche. Por ejemplo, los girasoles no sólo giran hacia el sol cuando es de día, voltean hacia el otro lado durante la noche para recibir al sol cuando salga. ¡Todo para recibir más luz solar gratis!

¡Hola! Soy una Arabidopsis, ¡una planta!

Me defiendo de los insectos produciendo en mis hojas químicos que les hacen daño. Lo mejor es que los produzco de día, que es cuando los insectos atacan más frecuentemente. ¡Mis defensas están programadas a reloj! ¡Adiós, bichos!

Y no te preocupes si nos comes. Amamos ser ensalada, es como hacer arte.

¡Mis primas lechuga, brócoli y coliflor también los producen! Pero no te asustes, los químicos que les hacen daño a los insectos ayudan a combatir el cáncer en humanos. ¡Así que nuestra defensa también es un alimento saludable!

Y ¿qué crees? Las verduras siguen un ritmo circadiano aun DESPUÉS de cortadas. O sea que hasta en tu ensalada producimos esos químicos cuando es de día. Así que debes comernos en el almuerzo, no en la cena.

¡Quiere llorar! El arma secreta de las cebollas

Hay algunas cosas que seguro te hacen llorar: torcerte un dedo del pie, el final de una película de Pixar o cortar cebolla. En el instante que cortas una cebolla, ésta produce una reacción química en cadena que te obliga a buscar pañuelos.

Si te dicen que te comas tus verduras para que te pongas grande y fuerte, ¡es cierto! El Titanosaurio, el animal terrestre más grande que ha existido, era totalmente vegetariano.

Las reacciones en cadena son de lo más genial. Un químico reacciona con otro, que crea uno nuevo, que reacciona con otro más y así, hasta que terminas con algo totalmente distinto al químico con el que empezaste.

Y al cortar una cebolla, causas una reacción en cadena.

Dra. Janet Braam

La doctora Janet Braam es profesora de Ciencias de la Vida en la Universidad de Rice en Houston, Texas, donde estudia las sorprendentes habilidades de las plantas. Un día le contó a su hijo cómo algunas plantas crean químicos anti-cáncer durante el día y él dijo: "¡Entonces ya sé a qué hora comerme mis verduras!" Esto la inspiró a investigar si las verduras siguen haciendo estos químicos después de cortadas. ¡Y resulta que sí! Prueba de que hasta el menor comentario puede ser la semilla de una gran idea.

LOMBRICES: SUPERHÉROES DE LA TIERRA

Cuando las lombrices cavan por la tierra, abren espacio para que entren el agua y el aire. Es increíble para las plantas, pero lo mejor es lo que dejan atrás: ¡su popó! También conocida como humus, es un superalimento para las plantas. Las lombrices comen materia orgánica como hojas secas, así que sus desechos están llenos de microbios que ayudan a las plantas a crecer y combatir enfermedades. También mejora la humedad del suelo. La popó de lombriz incluso puede limpiar metales pesados y otras toxinas de la tierra. ¡Cuánta magia en un trasero tan pequeño!

La reacción en cadena al cortar una cebolla empieza con el cuchillo, cuando rompe las paredes celulares de la cebolla. Estas células contienen enzimas especiales que, una vez liberadas, interactúan con el aire para crear un ácido. Otra de las enzimas de la cebolla reacomoda el ácido y crea sulfóxido de tiopropanal. Y ese pequeño compuesto de nombre tan complicado es el culpable de que se irriten tus ojos y llores. La cebolla es del género *allium*, igual que el ajo y el puerro.

Las reacciones en cadena me hacen llorar de la emoción. Literalmente.

Enzima: Sustancia que hacen los seres vivos para activar reacciones químicas.

Los químicos en esta clase de plantas sirven como una defensa natural para que no se las coman. Y al contrario de nosotros, los animales reconocen el poder de una cebolla antes de cortarla.

CÓMO EVITAR LAS LÁGRIMAS CUANDO CORTAS CEBOLLA

- Usa un cuchillo bien afilado. Los cuchillos menos filosos rompen más células, y eso significa más químicos que arden.
- Pasa la cebolla bajo agua fría o métela al congelador antes de rebanarla. El frío retrasa la reacción química.
- ¡Usa gafas de natación!

- Masticar chicle o pan.
- Sostener una cuchara en la boca.
- Cubrir el cuchillo con limón.

Dra. Rabi Musah

La doctora Rabi Musah enseña Química en la Universidad de Nueva York en Albany, e investiga cómo algunas plantas, como las cebollas, usan químicos para defenderse. La doctora espera que su investigación ayude a proteger cosechas de forma ecológica. Muchas plantas producen moléculas que las hacen desagradables para los herbívoros. Si descubrimos cuáles son estas moléculas, podemos proteger los cultivos con ellas, en lugar de utilizar químicos tóxicos.

SOBREVIVIENDO AL DESIERTO EN ÁRBOLES DE JOSUÉ

Imagina un desierto. ¿Pensaste en dunas de arena? ¿En rocas polvosas y secas? Si es así, de cierto te imaginaste un desierto. Pero en realidad no está desierto.

Si bien los desiertos parecen muy calientes y secos, ahí viven muchas plantas y animales. Para descubrir cómo lo hacen, vamos al Parque Nacional de Árboles de Josué en California, uno de los lugares más inhóspitos del planeta.

Este parque pasa meses en sequía y alcanza temperaturas de hasta de 49 °C en verano. En invierno, las temperaturas son menores a cero. ¿Cómo sobrevive una planta a eso?

Fíjate en esta foto misteriosa . ¿Adivinas qué es? Respuesta en la página siguiente.

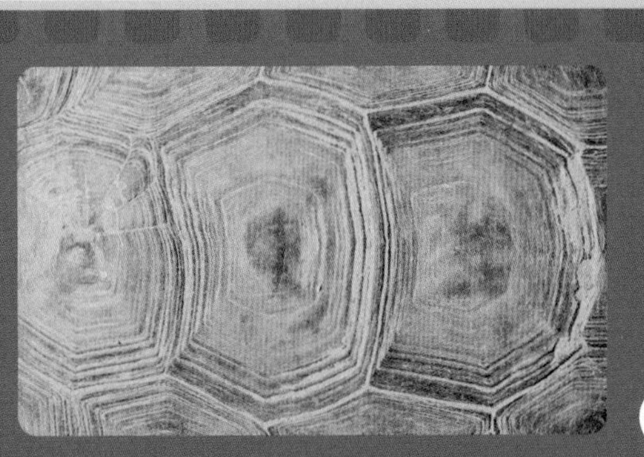

¡La Respuesta!

¡Es el caparazón de una tortuga del desierto! Estos herbívoros sacian su sed masticando plantas ricas en agua. ¡Pueden retener el líquido en su vejiga hasta un año! Imagínate aguantarte las ganas todo ese tiempo. ¡Brrr! También cavan en la tierra para dormir durante los meses fríos.

Oasis: Área de un desierto que contiene agua y vegetación.

Las plantas que viven en este parque han desarrollado capacidades especiales para resistir el clima extremo. Algunas crecen cerca de un estanque oculto llamado "oasis". Un oasis puede formarse cuando el agua de un depósito profundo se filtra a la superficie a través de grietas. Las palmeras que crecen en él son hogares ideales para animalitos del desierto, como murciélagos, ratones y pájaros. Los más grandes, como pumas, búhos y coyotes, visitan el oasis para beber... y para comerse a los más pequeños. Un oasis es como una tienda en el desierto. Algunas plantas tienen las hojas enceradas, lo que las ayuda a conservar la humedad. Otras abren sus flores sólo de noche, para no secarse al sol. Los cactus y las plantas similares almacenan toda el agua que pueden cuando llueve, y la guardan en su cuerpo para los meses secos. Sus espinas alejan a los animales que buscan su agua. Buena defensa, pésimos abrazos.

JARDINES TERRIBLES

Muchas plantas son devoradas por insectos... pero a veces es al revés. Las plantas carnívoras aparecieron en regiones donde el suelo no tiene suficientes nutrientes para las plantas, así que desarrollaron un método para alimentarse de su peor enemigo: ¡los insectos! Prepárate para conocer el...

¡JARDÍN DE LAS PLANTAS TERRORÍFICAS!

Atrapamoscas

Roza sólo un par de filamentos en las hojas de esta planta ¡y se cerrará de golpe como una almeja! Así es como captura moscas y arañas. Después sus jugos digestivos, similares a los de nuestro estómago, derriten al insecto de modo que la planta pueda absorber sus nutrientes.

SE ENCUENTRA EN LOS HUMEDALES DE CAROLINA DEL NORTE Y SUR.

Planta de la gota

Esta extraña planta está rodeada de antenas pegajosas, como alfileres. Si una hormiga toca una, la antena la apresa cuatro veces más rápido que un parpadeo y la lleva al centro de la planta, donde una sustancia como pegamento retiene a la hormiga mientras la planta se la come.

SE ENCUENTRA EN AUSTRALIA Y SUDÁFRICA.

Copa de mono

Esta planta parece un jarrón de colores... ¡DEL TERROR! Atrae a los insectos incautos con néctar dulce, y una vez dentro se resbalan y caen a un pozo de jugos digestivos. La copa de mono no es remilgosa: ¡algunas especies pueden capturar lagartijas, ranas y hasta ratones!

SE ENCUENTRA EN CIÉNAGAS DESDE NORTEAMÉRICA HASTA CHINA Y AUSTRALIA .

PRONUNCIA esto: CAR-NÍ-VO-RA

Ricky Garza

Ricky Garza es un horticultor y jardinero en el Jardín Botánico Panorámico de Minessota, donde cultiva toda clase de plantas increíbles como atrapamoscas ¡y la superapestosa lengua de diablo! Ricky también se dedica a restaurar y conservar áreas naturales, para asegurarse de que estas geniales plantas tengan dónde crecer.

¿De dónde vienen?

Durante la mayor parte de la historia del planeta, existió un total de cero flores. Las glaciaciones iban y venían, hubo extinciones masivas, llegaron los dinosaurios… y nada de flores. Si un estegosaurio quería impresionar a su pareja, le regalaba un ramo de helechos, quizá. Y entonces, hace unos 140 millones de años (quizá menos), ¡llegaron las flores! Se esparcieron muy rápido, desarrollando toda clase de formas y tamaños. Fueron un éxito (salvo con las otras plantas, que quizá tuvieron celos).

Hoy, las plantas con flores, también llamadas angiospermas, son ¡80% de la flora del planeta! (Quizá por eso se le dice "flora".) También nos dan fruta, verdura y granos. Pero ¿de dónde salieron? ¿Y cómo se multiplicaron tan rápido? Aún no se sabe con seguridad. Una flor llamada *Amborella trichopoda* (en la foto) podría tener la respuesta.

Se trata de un arbusto con florecillas blancas que crece en la isla Nueva Caledonia, en el océano Pacífico. Este género de arbustos ha existido por más tiempo que cualquier otra flor del mundo. Si la estudiamos, podríamos descubrir los aromáticos secretos de la historia de las demás flores.

Angiosperma: Un tipo de planta que da flores y crea semillas envueltas en fruta. Este grupo incluye arbustos, pastos y casi todos los árboles.

Polen viajero

Ojos irritados, nariz mocosa, tremendos estornudos. ¿Te enfermaste? No, sólo es polen. El polen es una molestia para los humanos (sobre todo en primavera), pero es absolutamente esencial para las flores. Sin polen no hay flores, punto. Y es que las plantas con flor no pueden dar fruto ni semilla si no están polinizadas. Es decir, necesitan compartirse el polen, un material microscópico lleno de información genética. Es como un paquete diminuto e importante con los ingredientes para la semilla. Algunas flores se polinizan solas, así que el polen no necesita llegar muy lejos, sólo de una parte de la flor a otra o a otra flor en la misma planta. Pero otras flores sólo pueden polinizarse por medio de otra planta de la misma especie. Por desgracia no existe un servicio de mensajería de polen, así que las plantas tienen que ser creativas.

Triviaje

Las verduras son angiospermas . Es decir que las plantas como el brócoli y la col hacen flores y dan fruta. Es sólo que no nos comemos la fruta, sino las otras partes de la planta. En el caso de las coles nos comemos los capullos, y el brócoli es la flor antes de florecer.

Algunas flores se pasan el polen tirándolo al aire y probando suerte. A veces cae en una flor de la misma especie, pero muchas veces no. ¡En cambio, puede caerte en la nariz y provocarte alergia! (Más sobre las alergias en la página 88.)

Roja es la rosa, la orquídea, gris, y su polen es... es... ¡Achís!

Los pétalos brillantes y el atractivo aroma de las flores son como anuncios de comida para los bichos que van pasando. Estos animales se detienen a tomar un poco de la bebida energética natural y suelen llenarse las patas y la cara de polen en el proceso. Cuando llegan a otra flor por más néctar, el polen se les cae y poliniza a la segunda flor. ¡PUM! ¡Ahora la flor puede dar frutos y semillas!

¿LAS FLORES PUEDEN OÍR?

Las flores no tienen orejas, pero quizá pueden escuchar los sonidos alrededor. Esto se descubrió estudiando un tipo de flor llamada onagra. Cuando los científicos le pusieron zumbidos de abeja u otros del mismo tono, la planta inmediatamente hacía más néctar. Pero si le ponían zumbidos de tono más agudo, no hacía nada. Los investigadores piensan que quizás algunas flores pueden detectar el zumbido de abeja y sacar más néctar para atraerlas. Cuando les preguntaron cómo lo hacían, las flores no dijeron nada. Porque no hablan.

Las más mañosas

Hacer que un insecto se lleve tu polen es importantísimo para muchas flores. Incluso algunas sólo pueden ser polinizadas por una especie de mosca o avispa. Otras pueden ser polinizadas por varios tipos de insectos, pero necesitan que las encuentren primero. Así que las flores han desarrollado trucos para llamar la atención.

- La cala negra emite olor a fruta podrida, ¡algo que vuelve locas a las moscas de la fruta!

- La orquídea epífita atrae abejas con su olor. Luego resbalan dentro de su cuerpo en forma de cubeta, tienen que salir a rastras y quedan cubiertas de polen.

- Varios tipos de orquídeas tienen el olor, y a veces hasta la apariencia, de avispas hembra. Las avispas macho buscan amor, pero terminan llenas de polen.

- El cardonicilo huele a abeja muerta, lo cual atrae a ciertas moscas que se alimentan de abejas moribundas. Asqueroso, pero ingenioso.

LA ROSA QUE FUE AL ESPACIO

Las rosas les gustan hasta a los astronautas . De hecho la NASA llevó un rosal miniatura al espacio como parte de un experimento. Querían saber si crecería de forma distinta lejos de la tierra. ¡Resultó que sí! La falta de gravedad cambió su olor y la hizo más delicada y seca, según el reporte. Fue tan impresionante que su olor empezó a usarse en un perfume comercial, y la rosa empezó a ser conocida como "Overnight scentsation", que se traduce como "éxito aromatundo", o algo parecido.

DUELO DECISIVO

DURIÁN vs. ARO GIGANTE

¡Prepárense para darle una buena olida a dos plantas pestíferas pero pasmosas! En esta esquina tenemos una fruta tan apestosa que está prohibida en espacios públicos de varios países asiáticos: ¡el durián! Y en esta otra, una flor que huele a animal muerto: ¡el aro gigante! ¿Cuál será la apestosa ganadora?

BANDO DURIÁN

- El durián es conocido como el "rey de las frutas". Es del tamaño de un melón, con cáscara dura y espinosa, y pulpa suave y carnosa. Sabe increíble y se usa en toda clase de recetas, desde salsas hasta dulces y pasteles (por nombrar sólo algunas).

- A pesar de ser deliciosa, tiene un olor fuerte y distintivo, que a veces se compara con el de calcetines usados.

- El durián desarrolló su poderoso olor para atraer animales como elefantes, rinocerontes y orangutanes. Estos animales se zampan la fruta y desechan las semillas, lo que produce más árboles de durián.

- Los zorros voladores, un género de murciélagos frugívoros, son criaturas enormes con una evergadura de metro y medio. AMAN el durián, y son su principal polinizador.

- Estudios recientes han probado que el durián desciende del cacao: ¡la planta de la que sale el chocolate!

BANDO ARO GIGANTE

- El aro gigante es famoso por su olor: una combinación de queso viejo, ajo, pescado podrido y pies sucios. En resumen, huele a carroña.

- La planta también es famosa por su enorme espiga, que llega a medir cuatro metros.

- Cuando el aro gigante florece, emite un poderoso hedor a carne podrida. El olor, sumado a los brillantes colores, atrae polinizadores, como la mosca y el escarabajo enterrador, que se alimentan de animales muertos. La planta aumenta su temperatura para ayudar a esparcir las partículas de olor.

- Esta planta, nativa del bosque de Sumatra, requiere de siete a 10 años para reunir la energía solar necesaria para florecer por primera vez. Después de eso, florece cada cuatro o cinco años. Una vez que florece, la flor permanece abierta por sólo 24 horas (a veces hasta 36) antes de encogerse y desaparecer.

- El aro gigante es básicamente una superestrella cuando florece; el evento es tan raro, que la gente hace fila en los jardines botánicos para olerlo en vivo.

¿Qué peste es más asombrosa: el durián o el aro gigante?

TÚ DECIDES

HORA DE HMMM

¿LA BANANA HACE QUE OTRAS FRUTAS MADUREN?

La banana y muchas otras frutas como la manzana, la pera y el mango producen un gas llamado etileno. Este gas, que estimula el proceso de maduración en la fruta, afecta también a otras frutas cercanas. Con esto, la clorofila (el pigmento verde de la planta) se convierte en otros compuestos, de color rojo, naranja o amarillo. El almidón se descompone en azúcares simples, lo que hace que la fruta sepa más dulce.

¿PUEDO SEMBRAR MAÍZ PARA PALOMITAS?

Si siembras un grano de maíz para inflar, nacerá una planta de maíz. Si quieres hacer palomitas, deberás tomar una de las mazorcas, quitarle los granos y secarlos. ¡Entonces puedes inflar esos granos de maíz y hacer palomitas! No se puede hacer esto con los granos que se comen directo de la mazorca, porque sólo los granos secos explotan en forma de maíz inflado.

¿CÓMO ES QUE HAY PLANTAS BAJO EL AGUA?

Porque son listas. Las plantas marinas evolucionaron para absorber humedad y dióxido de carbono del agua en la que viven. Crecen en las regiones más cercanas a la superficie de sus mares, lagos y ríos para obtener la luz solar que necesitan para vivir.

¿POR QUÉ LAS FLORES TIENEN AROMA Y COLORES?

Las flores huelen bien por lo mismo que el durián y el aro gigante apestan: para atraer insectos y pájaros que esparzan su polen y fertilicen sus flores. Los colores brillantes tienen un efecto parecido, como anuncios de colores diciendo: "¡Oigan, insectos, vengan a probarme!"

¿EL DIENTE DE LEÓN ES UNA MALA HIERBA?

¡El diente de león solía ser considerado una de las flores más hermosas del mundo! Sus flores y hojas son más nutritivas que muchas verduras, y tónicos hechos de ellas sirven para combatir toda clase de malestares desde el estómago hasta la piel. ¿Y a quién no le gusta soplar un diente de león? Lo que pasó fue que en el siglo XX en norteamérica un jardín verde se volvió más importante que los dientes de león. Así que la planta, que crece en cualquier parte, pasó a considerarse una molestia.

¿POR QUÉ CRECE MUSGO EN LOS ÁRBOLES?

El musgo es lo máximo. Fue una de las primeras plantas en la tierra y puede crecer donde sea que haya sombra y humedad, incluyendo árboles, rocas y troncos secos. En vez de raíces, los musgos tienen algo llamado rizoide, que mantiene al musgo en su sitio y puede recolectar agua y alimento. La planta es tan buena para absorber humedad que en la Primera Guerra Mundial los médicos militares usaban musgo en las heridas para no gastar vendas.

¿POR QUÉ LAS FRAMBUESAS TIENEN PELUSA?

¡Porque no se rasuran! Ya, en serio, cuando ruedas una frambuesa en tus dedos, se deshace en perlitas rojas. Esto es porque cada perlita es una minifruta, con su propia semilla y órganos florales. La pelusa son los pistilos, la parte hembra de la flor. Cuando la frambuesa era flor, atraía abejas para llevar su polen, y sus semillas se volvieron frambuesas.

¿LAS PALMERAS TIENEN AROS EN EL TRONCO?

No, los troncos de palmera no tienen aros adentro, así que es difícil calcular la edad de una palmera. Esto se debe a que no producen meristemo, como otros árboles, y sus troncos no se vuelven tan anchos. Resulta que las palmeras no son de la misma familia que los árboles. ¡De hecho, las palmeras están más cerca del pasto y del bambú que de los árboles!

Parte 3
HUMANOS

TU CUERPO: EL PARQUE

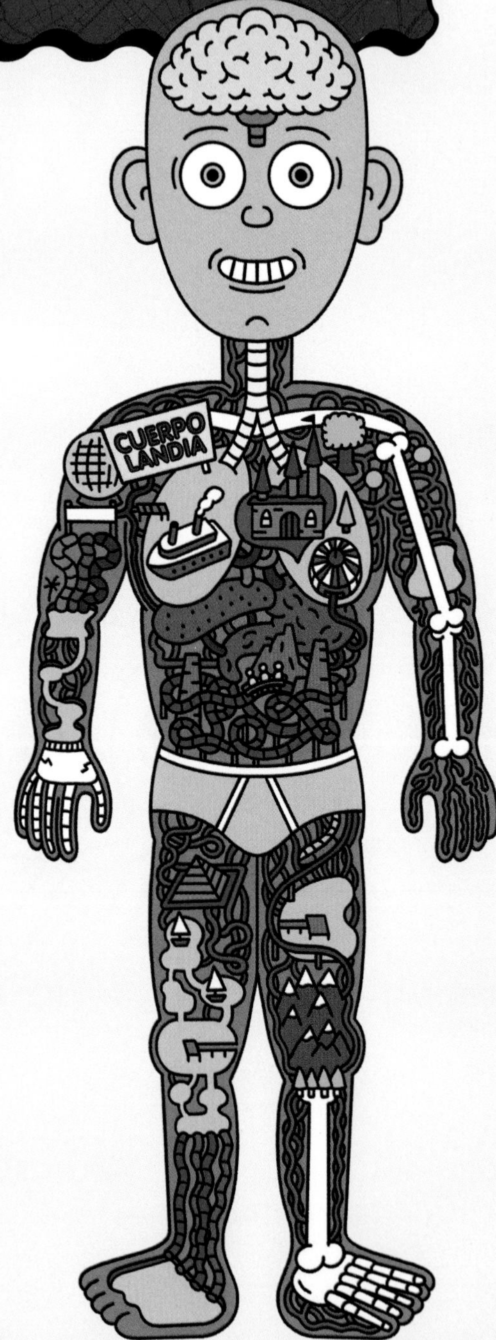

¿Sabías que el mejor parque de atracciones del mundo es el que tienes dentro? ¿Un lugar con andenes, toboganes, armazones y emociones? ¿Qué lugar es éste?, te preguntas. ¡Es tu cuerpo! ¡La única feria en la que es normal que todo esté lleno de sangre!

ENGRANAJES DE CARNE Y HUESO

Como no se puede ver adentro del cuerpo, seguro nunca le has dicho a nadie: "Oye, qué bonito bazo" o "Me encanta tu vejiga" o "Guau, ¿dónde conseguiste ese páncreas?" ¡Pero todas esas cosas son muy importantes y merecen elogios! Tu cuerpo está hecho de varios sistemas, cada uno con sus propios juegos, atracciones y funciones únicas. Puedes visitar cada una y descubrir cómo trabajan en armonía, pero para recibir la experiencia completa de tu entrada, tendrías que pasar ahí una semana entera. Así que digamos que esta es la punta del iceberg. Empecemos con el corazón del asunto…

¡Bombéalo así!

¡Pasa al sistema circulatorio! Agárrate bien porque es un recorrido intenso. Desde aquí puedes viajar a cualquier parte del cuerpo. Y en el centro del sistema circulatorio está… ¡el corazón! Este órgano usa una serie de tubos, llamados arterias, para llevar la sangre por el cuerpo. La sangre es muy importante porque lleva oxígeno, algo que necesita cada parte de tu cuerpo. Y tu sistema circulatorio lo pasea por todo el parque. Cuando la sangre se va quedando sin oxígeno, las venas la llevan de vuelta al corazón para empezar el ciclo otra vez.

El corazón es un músculo con cuatro cámaras, dos a la derecha y dos a la izquierda. Las dos de la derecha toman la sangre que vuelve de circular por todo el cuerpo y la mandan a los pulmones, que la llenan de oxígeno fresco. Entonces las dos cámaras de la izquierda toman esa sangre recién oxigenada y la mandan de vuelta al cuerpo. ¿Conoces ese TUM-tum que hace tu corazón cuando late? TUM-tum, TUM-tum, TUM-tum. Es el sonido de las válvulas que se abren y cierran entre las cámaras de tu corazón. La tarea de esas válvulas es asegurarse de que la sangre vaya a donde debe ir. El tum bajito proviene de las válvulas entre las cámaras superiores e inferiores de cada lado de tu corazón. El TUM fuerte viene de las válvulas que se abren hacia el resto del cuerpo; suena más fuerte porque esas válvulas tienen mayor presión, ya que la sangre necesita ir más lejos. TUM-tum, TUM-tum, TUM-tum.

Mi corazón tiene un excelente ritmo, lo malo es que mi bazo apesta.

LAS CÁMARAS DEL CORAZÓN

Ese latido tan fluido.

1. **Aurícula derecha:** Esta cámara recibe la sangre a la que le queda poco oxígeno, y la mueve al...
2. **Ventrículo derecho:** De esta cámara la sangre se mueve a los pulmones, donde se recarga de oxígeno.
3. **Aurícula izquierda:** Ya recargada de oxígeno, la sangre regresa de los pulmones a esta cámara.
4. **Ventrículo izquierdo:** Esta cámara devuelve la sangre al cuerpo para que vuelva a recorrer todo el parque. ¡Recuerden no sacar manos ni pies!

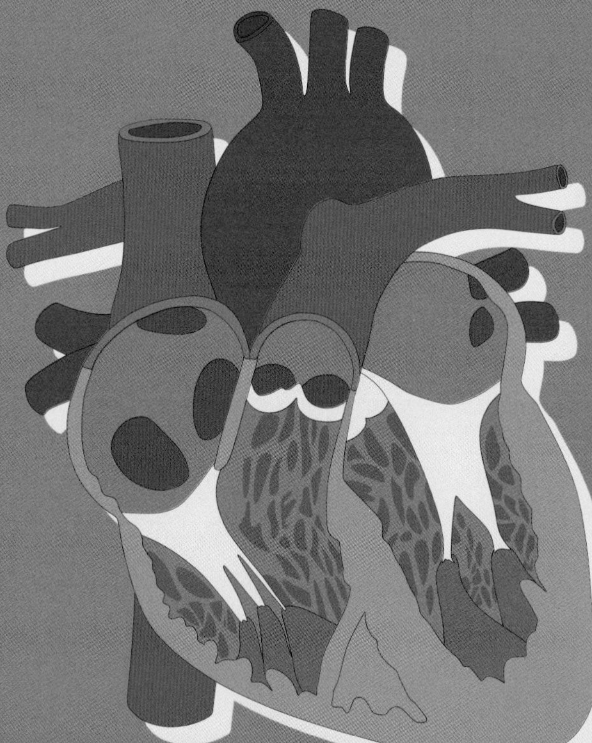

¡CIRUGÍA DE CORAZÓN DE CULEBRA!

Examinar cómo late el corazón abierto de una serpiente viva puede sonar a película de horror, pero así lo hizo un científico llamado William Harvey para estudiar cómo el corazón lleva la sangre por el cuerpo. Vivió hace unos 400 años, cuando aún se pensaba que lo que movía la sangre eran los pulmones. Esto fue siglos antes de que hubiera aparatos para vernos por dentro, así que William hizo lo único que se le ocurrió para resolver la duda: abrió cuidadosamente a una serpiente viva para estudiar su corazón expuesto. Y notó que si tapaba la vena bajo el corazón, éste se reducía y empalidecía; así demostró que las venas eran las que llevaban la sangre de vuelta al corazón. Y pasaba lo contrario al tapar una arteria: el corazón se llenaba de sangre porque William había cerrado la válvula de salida.

Uno O_2

Como puedes ver, el parque de tu cuerpo es un lugar excitante, extraordinario y extrafantástico. Si necesitas un momento para darte cuenta y hacerte a la idea de que estás aquí, adelante. Respira. Contén el aire. Contenlo. Ahora exhala. Ahhhh, relajante, ¿no? Y dado que ya estás respirando, es el momento ideal para pasar al siguiente juego del parque: el sistema respiratorio.

El sistema respiratorio se encarga de traer el oxígeno (también conocido como O_2) al parque, y también de expulsar un gas llamado dióxido de carbono. Como indica el nombre "respiratorio", este sistema arranca cuando respiras. Esto hace que entre aire por tu boca o nariz, y que lo baja por la tráquea hasta llegar con las estrellas del juego: los pulmones. Ellos son los que absorben el oxígeno para la sangre, que luego el corazón lleva por todo tu cuerpo (¡muy bien, corazón!).

Todas tus células necesitan ese oxígeno, además de glucosa, para generar la energía con la que funciona el parque de tu cuerpo, de los pies a la cabeza. Cuando las células de tu cuerpo terminan de comerse la glucosa, sueltan dióxido de carbono. Este gas regresa a la sangre, que lo lleva a los pulmones para que lo exhalemos. ¡Uf! ¡Adiós, dióxido!

> **Glucosa:** El azúcar que varios seres vivos, incluidos los humanos, necesitan para tener energía.

Presión atmosférica de arriba abajo

No te asustes, pero mientras lees esto, el aire te está empujando por todos lados. No lo sientes porque siempre está ahí. Este aire que te empuja se llama presión atmosférica. Y es algo muy bueno porque significa que siempre tienes aire para respirar. Pero ¿sabías que la presión atmosférica cambia según la altura a la que te encuentras? Mientras más subes, menos presión atmosférica encuentras. Y eso es importante porque menos presión significa que te llega menos oxígeno. Cuando escalas una montaña, hay menos aire para cantar, inflar globos y, sobre todo, respirar.

Ha de ser por eso que el paisaje desde una montaña te deja sin aliento. *EEJEM*.

Todo esto de respirar, flujo de sangre y células comiendo pasa sin que nos demos cuenta. Pero podemos controlarlo conscientemente también. Como cuando tomas mucho aire para soplar tus velitas de cumpleaños, que llenas los pulmones con más aire de lo normal y los haces sacarlo con mucha más fuerza. ¿Pediste un deseo?

Triviaje

El interior de los pulmones está cubierto por cientos de millones de celulitas en forma de esponja llamadas alveolos, que son los responsables de llevar oxígeno a la sangre. Si extendiéramos todos los alveolos que tiene un solo pulmón, cubrirían una cancha de tenis.

Deseé más cumpleaños. Uno al año no me basta.

El diafragma es un músculo que se ubica bajo las costillas. Ése es el músculo que te ayuda a meter y sacar aire de los pulmones. Cuando inhalamos, el diafragma baja, y cuando exhalamos empuja hacia arriba. Todo el tiempo se mueve solo, haciéndote respirar, pero lo puedes controlar para soplar velitas ¡o cantar!

PRONUNCIA esto: DIA-FRAG-MA

¿No escuchas que retumba?

Parece un gruñido. Quizá como un gorgoteo, y… espera, ¿eso fue un pedo? Eso quiere decir que has llegado al sistema digestivo del parque. ¡Sí! El recorrido que deshace la comida, provee nutrientes al cuerpo y libera los desechos. No olvides ponerte uno de nuestros impermeables antes de entrar al tubo interior. Este juego te llevará a navegar los rápidos digestivos, y te vas a ensuciar.

¿El boleto de entrada? Sólo un bocado de comida. Ponlo en tu boca ¡y arrancamos! Tu boca empieza desmoronando el bocado con esos grandes y hermosos molinos llamados dientes. ¡Ñam, ñam, ñam! ¡Cuidado, ahí viene la saliva! ¡Splurt! Está llena de enzimas que ayudan a deshacer el bocado.

Ahora agárrate, porque viene un descenso abrupto. Un buen trago y, ¡fuuush!, estás en el esófago. Al inicio hay un esfínter, un orificio circular que se abre y cierra para dejar pasar diferentes partículas. Y el esófago está cubierto de músculos que empujan la comida hacia abajo y evitan que suba de nuevo. Al fondo del esófago hay otro esfínter, que es la entrada al estómago. ¡Cúbrete bien!

Esfínter en griego significa apretar, atar o cerrar. ¡Y es el origen de la palabra esfinge!

PRONUNCIA esto: ES-FÍN-TER

Gástricos fantásticos

Cuando la comida recorre el estómago, éste la empapa, rocía y lava con una combinación de ácidos llamada jugos gástricos. Es un ácido tan fuerte que si te tocara, te ardería. Lo bueno es que tu estómago está forrado de un moco especial que lo protege de los jugos gástricos. Y aún mejor: no podemos ver adentro del estómago, imagínate.

¡Splash! Ahora las paredes de tu estómago están lavando la comida con ácidos y músculos. Da mucho asco, como para vomitar. Y tiene sentido porque eso es exactamente el vómito. Sí, esta masa estomacal a medio digerir es lo que sube cuando vomitas. Los músculos del diafragma y el abdomen ayudan, contrayéndose y apretando tu estómago para obligar al contenido a salir. Y si ahora te sientes un poco mal, puedes ir al sanitario.

¡Conoce tus esfínteres!

Tienes esfínteres en todo el cuerpo. El sistema digestivo tiene no uno, no dos, sino SEIS de ellos. Considéralos guardianes de las puertas entre las distintas zonas digestivas. Estos importantísimos músculos evitan que la comida vaya a donde no debe y que los ácidos del estómago suban al esófago. Y no olvidemos al esfínter que tienes al final de este gran viaje por el sistema digestivo: el que se abre y cierra para sacar las heces, es decir ¡la popó!

El grueso, el delgado y el apestoso

Cuando el estómago termina de deshacer tu comida, ya está lista para el paso siguiente del recorrido: ¡el safari intestinal! Ojalá hayas traído linterna, tu almuerzo ahora está recorriendo una serie de largos y oscuros túneles. Ah, ¡y pon atención a las bestias salvajes! Los intestinos están llenos de extrañas y fantásticas criaturas llamadas flora intestinal. Estas pequeñas bacterias te ayudan a digerir y son la razón de tus gases.

El viaje inicia en el intestino delgado. Para este momento, la manzana o las frituras que comiste son una masa babosa conocida como quimo. El intestino delgado extrae las vitaminas y nutrientes de ese quimo y las manda a otras partes del cuerpo. Así es como obtienes el alimento que necesitas para todo, desde mantener tus huesos fuertes hasta darles glucosa a tus células. De hecho 90% de tu alimentación ocurre en el intestino delgado.

Ahora vamos al intestino grueso. Es un tubo que rodea al intestino delgado. Su trabajo es extraer líquidos del quimo, dejándolo más seco y espeso. Aquí también ayudan las bacterias. De hecho, algunas bacterias se comen tu quimo y expulsan vitamina K y otras para tu cuerpo. Qué amables, ¿no? Finalmente, tu comida está lista para el recto, lo que significa que el safari está por llegar a su fin. Y con eso me refiero totalmente al trasero.

El recto es como una sala de espera. La comida se queda ahí hasta que está lista para salir del cuerpo. Para entonces, la comida de hace unas horas no se parece en nada a como empezó. Como una oruga que se transforma en mariposa, tu comida se ha transformado en popó.

Parte de estos desechos es comida que tu cuerpo no pudo deshacer, parte son líquidos, pero casi todo son bacterias. Y quiero decir CASI TODO. De hecho, ¡de 50% a 80% de la popó sólida son bacterias! Y con este encantador dato terminamos el recorrido. Favor de salir por el ano. ¡Buen viaje!

Triviaje

¿Cuál crees que es más grande: el intestino grueso o el delgado? La lógica indicaría que el grueso, pero en este caso la lógica perdería. Si estiras el retorcido nudo que es un intestino delgado, se extendería unos seis metros, lo que mide un elefante adulto. El intestino grueso medirá apenas metro y medio. Se llama grueso porque su tubo es eso, más grueso que el delgado.

¡SISTEMAS ASEGURADOS!

Qué pasa si una pandilla de parásitos o unos viles virus tratan de colarse en el parque? Los detienen en la puerta, claro. Y la puerta del parque de tu cuerpo es la piel. Es la primera barrera contra bacterias nocivas y otras cosas dañinas. Y además se ve genial, ¡como una envoltura hecha de cuerpo! ¿Alguna vez te has rascado y has visto un polvito que se desprende? Son células muertas de la capa exterior de tu piel. Tu

¿Te has fijado que, a veces, después de comer maíz aparecen granos enteros en tu popó? Pues bien, este maizterioso fenómeno se debe a la cáscara del grano de maíz, que está hecha de celulosa, una sustancia vegetal muy resistente. Nuestros cuerpos no producen ninguna enzima que deshaga la celulosa, así que se ve igual después de recorrer todo el sistema digestivo. Pero las apariencias engañan, porque el cuerpo sí logró extraer lo que había dentro de esa cáscara. ¿Y esa cosita amarilla que te salió en el baño? Es una cáscara llena de popó. Créenos, no vayas a confirmarlo por tu cuenta.

cuerpo está cubierto de ellas. Resulta que tu piel hace muchas cosas que no puedes ver. Debajo de esa capa de células muertas hay un montón de trabajo involucrado en mantenerte saludable y a salvo.

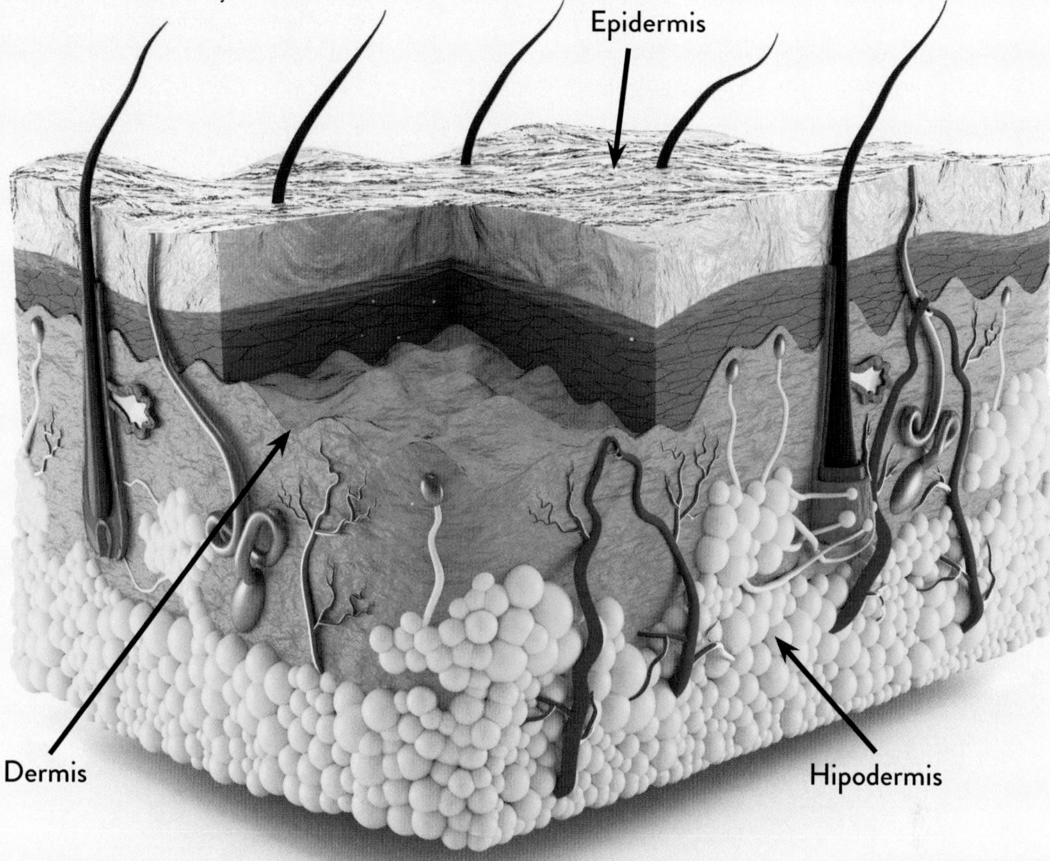

- **Epidermis:** Esta capa superior hace melanina, el pigmento que te da color, además de células nuevas para la piel. ¡Y te vuelve impermeable!

- **Dermis:** Ésta es la segunda capa de la piel, contiene tus terminaciones nerviosas. Así es como sientes cosas como un alfiler o el pelaje de un gatito. La dermis también contiene los folículos de los que sale el pelo y todos los vasos sanguíneos que alimentan tu piel.

- **Hipodermis:** Esta tercera y última capa está hecha de grasa y otros tejidos. La grasa es vital para mantener la temperatura de tu cuerpo en los días fríos. ¿Adivinas qué parte de tu cuerpo tiene la hipodermis más grande? Pues las plantas de tus pies y las palmas de tus manos.Y tus nalgas.

¿El ejercicio te dejó sudando la gota gorda? ¡Qué bueno! Cuando haces ejercicio los músculos queman energía y generan calor. El sudor es la respuesta del cuerpo para ayudar a liberar este calor.

La dermis está llena de glándulas sudoríparas, que son tubitos que poco a poco se llenan de sudor. Cuando el sudor se desborda, se evapora llevándose parte del calor y refrescándote.

Triviaje

La piel es el órgano más grande del cuerpo. La conforman alrededor de 35 mil millones de células, que se reemplazan continuamente. ¡Las células de tu piel se reciclan cada 27 días! Sólo la piel de un adulto pesaría de tres a ocho kilos.

Hasta la puerta es un sistema

Ajá, creías que sólo era la puerta del parque, pero la piel es de hecho parte del sistema tegumentario. Además de la piel, este sistema incluye el pelo, las uñas y las glándulas exocrinas, que fabrican el sudor, aceites y ceras que aparecen en tu piel.

EL PARQUE SE VUELVE VIRAL

A… ah… ¡Achú!

¡Oh, no! ¿Eso fue un estornudo? ¡Algo anda descompuesto en el parque! Hay que arreglarlo antes de que tengamos que cerrar. ¡Llamen al equipo de reparaciones, alias el sistema inmune!

Tu sistema inmune combate las infecciones y enfermedades de tu cuerpo. Esto incluye varias cosas horribles, desde

Fraude histórico

En 1869 se reportó el descubrimiento de un hombre ancestral petrificado, de más de tres metros de alto, en Cardiff, Nueva York. Sus descubridores lo presentaron como prueba de que alguna vez hubo gigantes en la Tierra. Pero fue un gran fraude planeado por el empresario George Hull. Contrató escultores para crear una enorme estatua humana, la enterró en la granja de un primo, y luego les pagó a dos trabajadores para cavar un pozo donde la había enterrado. Una vez "descubierta" cobraron por verla y ganaron un MONTÓN de dinero. No tardó en descubrirse el fraude y Hull admitió el engaño. Pero para entonces el famoso estafador P. T. Barnum ya cobraba la entrada para ver a su propio gigante falso. Cuenta la leyenda que la famosa frase "cada minuto nace un ingenuo" no la dijo Barnum, sino uno de los socios de Hull para acusar a Barnum de engañar a las personas y afirmar que sólo el gigante de Cardiff era genuino.

bacterias nocivas, hasta los virus de la gripe y el catarro, e incluso hongos. Tus glóbulos blancos son parte vital de este sistema. Hay varios tipos de glóbulos blancos, entre ellos los linfocitos, que son los encargados del orden y la limpieza del parque.

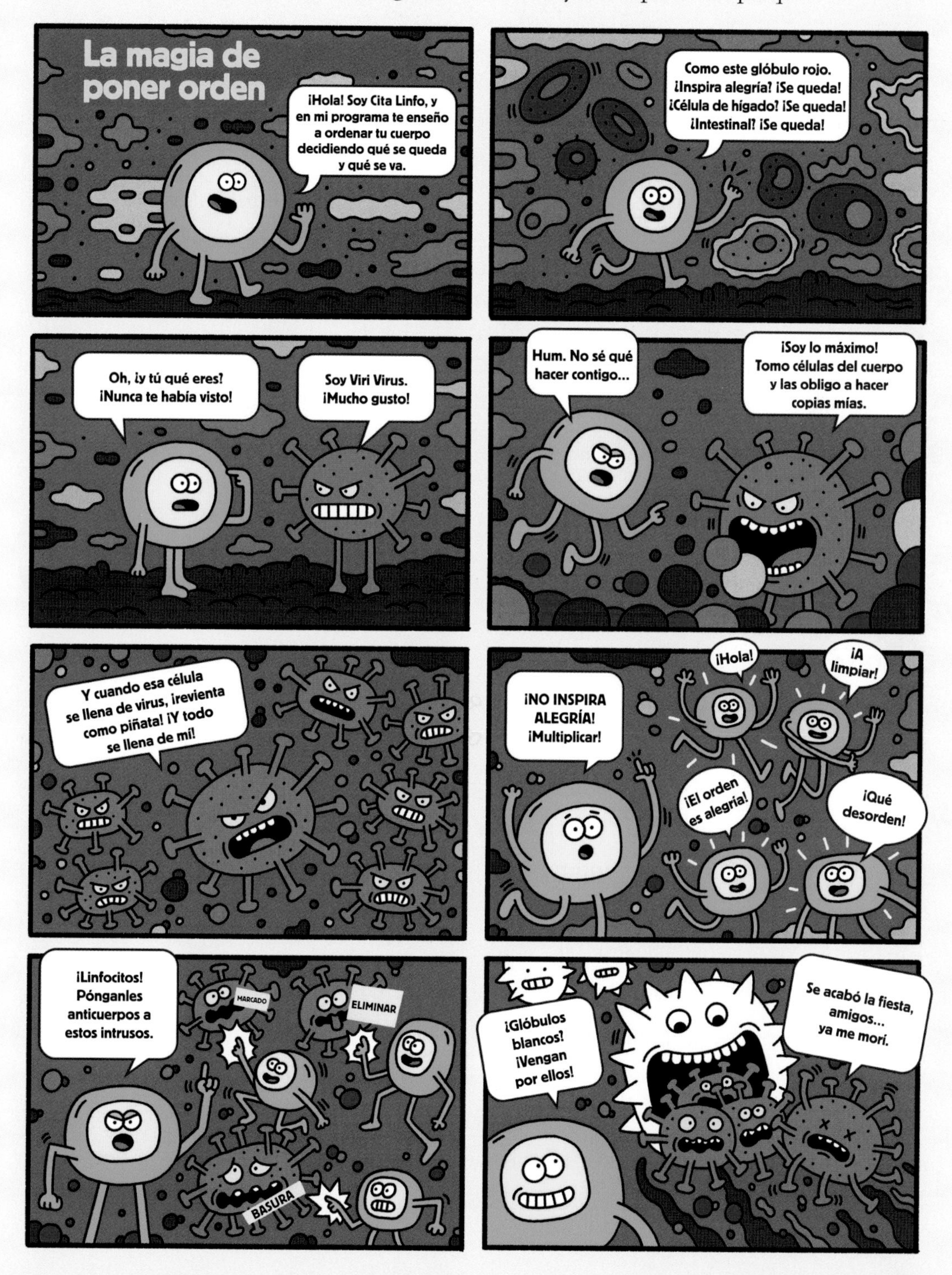

Cuando un virus entra a tu cuerpo por primera vez, tu sistema inmune puede tardar días en encontrar y marcar a todos los intrusos con anticuerpos. Y mientras tanto, te sentirás bastante mal. Dependiendo del virus, eso puede ser peligroso y hasta mortal.

Es mucho mejor si tu sistema inmune reconoce a un intruso de inmediato, para marcarlo con anticuerpos antes de que pueda multiplicarse. Para eso son las vacunas. Una vacuna contiene virus debilitados o muertos que no te hacen daño, pero sí hacen que los glóbulos blancos creen anticuerpos.

Vacuna: Tratamiento que te protege contra una enfermedad específica, presentándole a tu sistema inmune una versión inofensiva del virus o bacteria que causa esa enfermedad.

Estos anticuerpos se quedan en tu sistema incluso después de que el virus se elimina, así que si ese virus entra de nuevo, tus células lo marcan de inmediato con anticuerpos.

¡Adiós, virus!

Mi sistema inmune limpia mi cuerpo muy bien. Lástima que no pueda usarlo para ordenar mi cuarto.

¡Ataca la alergia! Cuando el cuerpo exagera

El sistema inmune es increíble prorque mantiene a raya a invasores que podrían lastimarte. Pero a veces el sistema inmune se pone en modo ultradefensivo máximo poder sin razón. Cuando pasa esto, te da una alergia.

Digamos que inhalaste polen. Para tu cuerpo, es un invasor, aunque no es peligroso como un virus o una bacteria. Entonces tu cuerpo hace inmunoglobulina G (o IgG para los amigos), un anticuerpo para marcar el polen. Esta marca no es de alto peligro, es más bien como: "Ah, es polen, a quién le importa".

Pero a veces tu cuerpo produce inmunoglobulina E, o IgE. Este anticuerpo tiene la reacción opuesta, más bien del tipo: "¡AHHHHH! ¡POLEN! ¡TODOS VAMOS A MORIR! ¡CORRAN POR SUS VIDAS!" Esta IgE enloquecida recorre tu cuerpo frenéticamente hasta que llega a los mastocitos, unas células con receptores especiales para la IgE. Y ahí termina todo. Hasta que vuelve a entrar polen u otro alérgeno, y ahora el anticuerpo IgE está en un mastocito. Entonces, cuando entra el alérgeno

¿Por qué unas personas tienen alergias y otras no?

Los científicos todavía no saben por qué. En parte se debe a tus genes, y seguro tu entorno también tiene algo que ver. Los científicos consideran importante entrenar el sistema inmune a edad temprana, exponiéndolo a una gama de microbios amistosos, y a una amplia variedad de comidas. Esto ayuda a tu cuerpo a aprender qué tolerar y qué rechazar.

Algunas personas tienen alergias en la infancia y las pierden al crecer; a veces adquieren alergias nuevas. Y, otra vez, no sabemos por qué. Hay mucho que aprender de estas exageraciones del cuerpo.

otra vez, empieza una reacción alérgica. Resulta que los mastocitos tienen un químico llamado histamina. Cuando un alérgeno toca un mastocito con IgE, hace que el mastocito reaccione liberando histamina.

PRONUNCIA esto: HIS-TA-MI-NA

La histamina es lo que le pone el estornudo a las alergias. Te da comezón, te hace moquear, todas esas molestias. En algunos casos puede inflamarte la garganta o hacerte vomitar. Ya sea por el polen, el moho, los cacahuates o lo que sea, así es como funcionan las reacciones alérgicas.

¡AY, QUÉ NERVIOS!

FOTO MISTERIOSA

Fíjate en esta foto misteriosa. ¿Adivinas qué es? Respuesta en la página siguiente.

¡La Respuesta!

¡Es polen! Las flores tienen granos de todas clases y tamaños. Sus espinas, ganchitos y esquinas les permiten colgarse de los polinizadores, como pájaros y abejas. ¡Qué mal que estos increíbles granitos nos hagan llorar!

Ahora sí, aquí viene el juego más intenso del parque. ¿Puedes con la experiencia? Este juego va a más de 300 kilómetros por hora. ¡Más rápido que un auto de carreras! Ajústate el cinturón para subirte al… ¡sistema nervioso! Tu cuerpo se comunica consigo mismo a través del sistema nervioso. Por ejemplo, si visitas a tus tíos en la granja y el borrego Beto viene a pedirte cariñitos, tu sistema nervioso le manda mensajes a tus manos y brazos para que puedas sentir la lana de ese BEEE-bé.

Pero si el borrego Beto estuvo jugando en el lodo e intenta brincarte a las piernas, tu sistema nervioso es el que te hace retroceder y encogerte sin pensarlo. Es una reacción natural que ocurre sin que tengas que saber qué está pasando ni acordarte de tu ropa limpia: el cuerpo se defiende solo.

Sistemas con sistemas

El sistema nervioso es en realidad dos sistemas: uno central y uno periférico.

- El sistema nervioso central son tu columna vertebral y tu cerebro; aquí pasan los mensajes más rápidos.
- El sistema nervioso periférico son los nervios que recorren todo tu cuerpo y que llevan mensajes al sistema nervioso central.

Imagina que el sistema nervioso es un cable con varias extensiones, todo conectado a un enchufe. El cable es tu espina dorsal, las extensiones son los nervios de tu cuerpo y tu cerebro es el enchufe. Las extensiones y los enchufes son una excelente analogía, porque los mensajes del sistema nervioso son impulsos eléctricos. Sí, tu cuerpo es

Triviaje

Justo ahora mientras lees estas palabras, los nervios de tus ojos le envían mensajes a tu cerebro, informándole que estás viendo letras. Esto ocurre a una velocidad asombrosa: unos 10 millones de datos por segundo.

eléctrico. Revisa la página 95.

El sistema nervioso periférico también se puede dividir en dos sistemas, el voluntario y el involuntario. El sistema nervioso voluntario controla las cosas que haces a propósito. Si quieres ver un video, el sistema nervioso voluntario te ayuda a sentarte ante la computadora, ponerte unos audífonos y reproducirlo. El sistema nervioso involuntario controla las cosas que se hacen solitas, como el latido de tu corazón, digerir la comida o mover el diafragma para hacer que tus pulmones respiren.

Le duele más a tus nervios que a ti

Clásico. Estás en un día de campo fabuloso, caminaste por el monte, viste un oso (bueno, crees que era un oso), luego paseaste en bote y nadaste, y ahora, alrededor de la fogata, te preguntas cuántos malvaviscos más te puedes comer antes de dormir. Sacas el malvavisco del fuego para darle una mordida y ¡auch! ¡Te quemaste!

Eso fue una respuesta al dolor. En el momento que los nervios de tu lengua tocaron el malvavisco asado, enviaron una señal al cerebro y éste respondió diciendo: "¡Saca ese fuego pegajoso de la boca, YA!"

El cuerpo está lleno de sensores especiales para el dolor, llamados nociceptores. Están en todos lados, incluyendo la piel, los músculos, el estómago y los huesos. Detectan el dolor y le avisan al cerebro. Y el cerebro "siente" el dolor cuando recibe estas señales. ¡Pero el cerebro no tiene nociceptores! Por eso te pueden operar el cerebro sin dormirte y no te dolerá.

Dr. Roland Ennos

El doctor Roland Ennos es profesor de Biomecánica en la Universidad de Hull. Esto quiere decir que estudia las partes de los seres vivos y cómo funcionan. Ha estudiado una cantidad tremenda de temas, desde la forma de las raíces de árbol y las alas de insecto hasta la de las uñas y las huellas digitales. Su equipo descubrió que las uñas contienen un refuerzo especial que hace que cuando se rompan sea por el borde y no hacia dentro (¡lo que sí dolería!).

PRONUNCIA
esto:
O-CI-CEP-TOR

DUELO DECISIVO

UÑAS vs. DIENTES

¡Éste sí es un combate cuerpo a cuerpo! Estos dos apéndices asombrosos están vivos y muertos al mismo tiempo, ambos geniales y asquerosos a la vez. En esta esquina, rascando, picando y pelando: ¡las uñas! En esta otra, moliendo, masticando y machacando: ¡los dientes!

BANDO DE LAS UÑAS

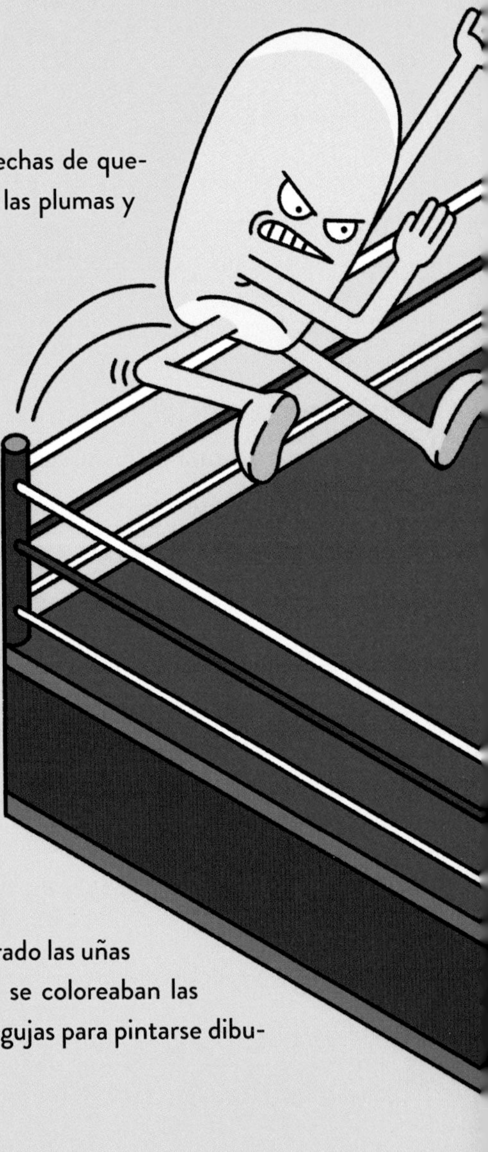

- Tus uñas serán delgadas, ¡pero son superfuertes! Están hechas de queratina, la misma proteína que conforma el pelo, las garras, las plumas y las pezuñas.

- ¡Tus uñas nunca dejan de crecer si lo permites! Lee Redmond dejó crecer sus uñas durante treinta años ¡y llegaron a medir medio metro! Tiene el récord femenil de longitud de uñas.

- No sólo los humanos tenemos uñas, ¡los demás primates también! Aunque casi siempre se les rompen por el uso, se ha visto a gorilas, chimpancés y otros primates mordiéndose las uñas, ¡igual que nosotros!

- Aunque no están del todo vivas, las uñas te dan pistas de cómo está el resto de tu cuerpo. Si cambia la apariencia de tus uñas, como la forma o el color, puede significar que tienes problemas en el hígado, los pulmones o riñones.

- ¡Las uñas son pequeños lienzos! La humanidad se ha decorado las uñas por miles de años. En la antigua Babilonia, los hombres se coloreaban las uñas con kohl, y en Sudamérica los incas usaban tintes y agujas para pintarse dibujitos en las uñas.

BANDO DE LOS DIENTES

- Los dientes de tu boca son un escuadrón procesador de comida con tareas especializadas. Los incisivos, los dientes más grandes al frente, son geniales para cortar y morder. Los caninos, los dientes puntiagudos a los lados, son para sostener y arrancar. Tus molares y premolares, los que son planos, sirven para moler y machacar.

- ¡Los dientes tienen muchísimas cosas increíbles escondidas! La raíz entra al fondo de las encías. El esmalte que cubre tus dientes está muerto y no se regenera, y lo que hay adentro son nervios y vasos sanguíneos.

- En tus dientes vive toda clase de microorganismos amistosos, incluidos montones de bacterias. Estas criaturitas te ayudan a deshacer la comida y a alejar a bacterias dañinas. A cambio, tus dientes les ofrecen un buen lugar para vivir y recibir los nutrientes que les gustan.

- La superficie de un diente es más dura que el acero, y tus muelas pueden ejercer 100 kilogramos de presión. Pero aunque son fuertes, son frágiles y fáciles de cuartear.

- Los humanos han usado dentaduras postizas durante siglos. Las más antiguas estaban hechas de dientes de otros humanos o animales; después de madera, plomo, oro, hule o porcelana. Hoy las dentaduras suelen hacerse de plástico y metal.

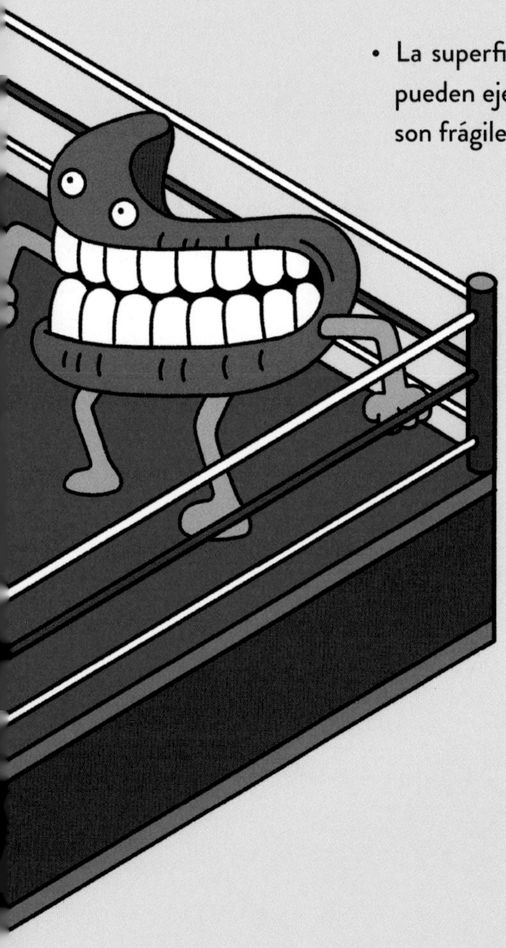

¿Qué parte del cuerpo es más increíble: uñas o dientes?

TÚ DECIDES

LA MAGIA DEL CEREBRO

Los zombis tienen razón. Los cerebros son lo máximo. Nos permiten ver el mundo, conservar recuerdos y nos ponen sentimentales. Eso sí, preferimos usar el cerebro, no comérnoslo. Perdón, zombis.

¿CÓMO ES QUE MANDA SEÑALES EL CEREBRO?

Tu cerebro hace todo lo anterior recibiendo información y enviando señales a velocidad relámpago por todo tu sistema nervioso. Éstas son las tres formas de comunicación del cerebro:

1. Recibe señales de los sentidos (tacto, gusto, vista, oído y olfato).

2. Envía señales de una región del cerebro a otra.

3. Envía señales al resto del cuerpo, como tus piernas, boca o corazón.

Entonces si oyes un "miau", los oídos reciben el sonido y se lo mandan al cerebro. El cerebro lo analiza para que sepas que fue un gato. De ahí la señal puede activar recuerdos que te permiten identificar que no es cualquier gato, sino tu mascota perdida, el Capitán Pelusa, que ha vuelto de su viaje por los siete mares. Luego la señal pasa a la parte del cerebro que siente las emociones, para que te lloren los ojos por volver a ver a tu amigo. Y, por último, tu cerebro le manda una señal a tu cuerpo para que abraces al Capitán Pelusa y lo llenes de besos. ¡Todo en menos de un segundo!

¡El cerebro es eléctrico!

Si bien no necesitas conectarte, funcionas con electricidad. Esto se debe a que tus células se mandan señales en forma de pequeños pulsos eléctricos. Las expertas en ello son las células del cerebro: las neuronas. Parecen arbolitos con un montón de raíces de un lado, un tronquito delgado al centro y ramas al otro extremo. Ahí guardan todos tus pensamientos, recuerdos y sueños. ¿Puedes creerlo? Digo, ¿tus neuronas pueden creerlo? Cuando las neuronas se activan, pasa una carga eléctrica por el tronco. ¡PZZZT! Cuando esa carga llega a las ramitas al otro lado de la célula, las hace liberar un montón de químicos que se llaman neurotransmisores. ¡PLASH! Estos químicos flotan desde la nerurona y se adhieren a pequeños receptores en las raíces de otras neuronas, como una llave que entra en un cerrojo. ¡CLIC! Si a una célula le llegan suficientes neurotransmisores, la hacen activar y enviar su propio impulso eléctrico (¡PZZZT!) y liberan sus propios químicos (¡PLASH!), lo que activa a otras células (¡CLIC!), y así sucesivamente en una larga cadena. Así es como las neuronas envían mensajes: ¡PZZZT!, ¡PLASH!, ¡CLIC! Cerebro arriba y cerebro abajo.

PRONUNCIA esto: NEU-RO-NA

Triviaje

Tu cerebro tiene entre 80 y 100 MIL MILLONES de neuronas. Eso es UN MONTÓN. Nunca están todas activas a la vez, pero con los mensajes que se mandan las que están despiertas alcanza para generar unos diez watts. ¡Podrías encender un foco pequeño!

Fraude histórico

¿Una mente robótica es superior a la de un humano? En 1770, Wolfgang von Kempelen inventó un robot que jugaba ajedrez, apodado el *Turco*, para quedar bien con la emperatriz de Austria. La notable máquina se paseó por Europa y América del Norte para demostrar sus increíbles aptitudes en el ajedrez, derrotando a muchos humanos, incluidos Napoleón y Benjamin Franklin. ¿Cómo es que este increíble robot pudo hacer eso años antes de que se inventara la computadora o siquiera la máquina de escribir? Fue un engaño. Dentro del robot había un humano, que controlaba al *Turco* y jugaba por él. En 1912 el científico español Leonardo Torres Quevedo sí inventó un robot verdadero, llamado el *Ajedrecista*, que sí jugó y ganó contra oponentes humanos. Se podría decir que ese fue el primer juego de computadora.

¿CÓMO FUNCIONA LA MEMORIA?

La memoria es algo totalmente asombroso. Se parece a un archivo de imágenes que siempre llevas contigo, como si tu mente viajara en el tiempo. Sólo hay que pensar en el pasado y la memoria evoca imágenes, sonidos, olores y emociones pasadas. ¡Ni el teléfono más moderno puede hacerlo! Entonces ¿cómo nace un recuerdo?

RECETA PARA UN RECUERDO

Ingredientes:

- 1 cerebro
- 1 evento memorable
- Neuronas al gusto
- Cilantro (opcional)

1. Mezclamos varios elementos memorables, como el calor, la playa y un cangrejo que hayas pisado. ¡AUCH!
2. Activamos algunas neuronas al pisar al cangrejo.
3. Con el cerebro encontramos esas neuronas activas y las guardamos aparte, como "Momento de pisar cangrejo".
4. Se deja enfriar y se mueve el recuerdo recién hecho de la memoria a corto plazo a la memoria de largo plazo. Un recuerdo se conserva solo, no hace falta refrigeración.
5. Pensar en el incidente o hacer algo que te lo recuerde, como visitar de nuevo la misma playa. Muchas de las mismas neuronas del incidente original se activarán de nuevo. ¡Listo! Será como vivir la experiencia por segunda ocasión. ¡AUCH, OTRA VEZ!
6. Aderezar al gusto. ¡Buen provecho!

Déjà vu: ¿No viví esto antes?

PRONUNCIA esto: DÉ-SHA-VÚ

Estás con una amiga que te cuenta una historia. De pronto el momento se vuelve raro y sabes lo que está a punto de decirte y sientes que ya te lo había dicho. ¿Te lo está contando dos veces… o será un *déjà vu*?

Déjà vu en francés quiere decir "ya lo había visto" y es tan misterioso como el francés. Algunos científicos piensan que tenemos *déjà vu* cuando los recuerdos brincan directamente de los sentidos a la memoria de largo plazo, ignorando la memoria a corto plazo. Esto da la sensación de recordar algo que todavía está ocurriendo. Otros sugieren que el *déjà vu* pasa cuando la región del cerebro que reconoce las cosas se confunde y cree reconocer algo que en realidad es nuevo. O quizás el *déjà vu* sí ocurre cuando experimentamos algo conocido, pero no recordamos de dónde o cuándo. ¿Fue en la tele o en un libro? Los científicos aún no descifran este enigma tan misterioso como el francés.

Espera, ¿eso último ya lo había dicho?

¡COLECCIÓN DE DESPERFECTOS!

El *déjà vu* no es el único desperfecto de nuestro cerebro. La psicología ha estudiado montones de ellos, y obvio todos tienen nombres en francés.

1. ***Jamais vu***
   - Traducción: Nunca visto.
   - La sensación de que algo conocido en realidad es nuevo.
2. ***Déjà entendu***
   - Traducción: Ya lo sabía.
   - Cuando crees que ya conocías un dato.
3. ***Presque vu***
   - Traducción: Casi lo veo.
   - La sensación de que estás a punto de tener una idea genial, pero no llega.
4. ***Déjà rêvé***
   - Traducción: Ya lo soñé.
   - Cuando no logras distinguir entre sueño, recuerdo y realidad.

Dra. Anne Cleary

Es difícil estudiar el *déjà vu* porque nunca se sabe cuándo va a ocurrir. Pero la doctora Anne Cleary, psicóloga cognitiva en la Universidad de Colorado, descubrió cómo provocarlo jugando videojuegos. La doctora Cleary usa gafas de realidad virtual para llevar a la gente a recorrer escenas del juego *The Sims*. Luego les muestra una serie de habitaciones, algunas de las cuales tienen el mismo diseño. Cuando alguien reconoce una habitación del juego, pero olvidó que ya la había visto, suele experimentar un *déjà vu*. La doctora Cleary espera que su investigación nos ayude a entender este común pero misterioso fenómeno.

LOS OJOS: LAS VENTANAS DEL CEREBRO

El cerebro y los ojos son los mejores amigos. Siempre están juntos, intercambian mensajitos y hasta están conectados directamente gracias a un cable llamado "nervio óptico". Este nudo de nervios permite que tus ojos manden imágenes a tu cerebro casi al instante. Luego tu cerebro codifica las imágenes para que sepas qué estás mirando. Si podemos ver el mundo es gracias a este equipo.

La vista empieza cuando la luz entra del mundo a los ojos. En el fondo de tu ojo un montón de celulitas absorben la luz y la convierten en señales que el cerebro pueda entender. Hay dos clases de estas células: los conos y los bastones. Cada uno tiene un poder diferente.

¡Bastones! ¡Bastones!
¡Somos la visión! ¡Le damos a tus ojos
i-lu-mi-na-ción!

¡Conos, conos, lo mejor!
¡Porque hacemos el color!

¿Ah, sí? Sin nosotros no
se puede ver en la oscuridad.
¡Nosotros sí funcionamos
de noche, ustedes no!

¡Pero ustedes ven puras manchas!
Nosotros vemos el detalle. ¡Además, somos tres!
¡Para luz verde, para luz roja y para luz azul! Júntanos
a los tres ¡y formamos todo el arcoíris!

Ay, ajá. Tres
es multitud.
¡Bastones
ganan!

BASTONES

¡VAMOS, CONOS!

CONOS

¿Todas las personas vemos los mismos colores?

Claro que todo mundo sabe cuál es el azul, ¿no? El color del cielo, del mar y del monstruo Comegalletas. Pero, ¿y si el color que tú conoces como azul es naranja en mi cerebro? ¿Y yo veo un cielo y mar naranjas y un Comegalletas naranja? Pero como todo mundo dice que se llama azul, yo asumo que tu naranja es mi azul. ¿Será que cada quien ve colores diferentes y no lo sabemos?

Pensar que no vemos los mismos colores me saca canas verdes... ¿o naranjas? ¡Ay, ya no sé!

MOMENTO YIU

EL MOMENTO YIU DEL YIU

Te has preguntado ¿por qué decimos "yiu" cuando algo nos da asco? Resulta que es por nuestra manera de experimentar el disgusto. El disgusto existe para que las cosas dañinas de afuera no entren a nuestro cuerpo. La forma más fácil de que algo entre a nosotros es por la boca. Si te ves en el espejo mientras haces "Yiiiu" te darás cuenta de que es una forma de cerrar la boca y, al mismo tiempo, la forma ideal para escupir algo que ya esté en ella. Es lo mismo cuando decimos "guácala" y sacamos la lengua.

Pues ya lo dijimos: ¡no lo sabemos! Cada cerebro es único y ve al mundo un poco diferente. Lo que SÍ sabemos es que los ojos de todas las personas funcionan más o menos igual. Vemos el color al absorber las ondas de luz. Cada color es una onda de diferente tamaño, así que cada color tiene su propia longitud de onda. Los colores son una escala, desde los que tienen ondas más cortas (como el azul y el morado) hasta los que las tienen más largas (como el rojo y el naranja). La onda de luz que se refleja de una crayola azul es la misma, sin importar quién la está viendo. Así que sí, nuestros ojos ven los mismos colores. La pregunta es si nuestros cerebros los procesan igual. Tal vez algunos cerebros ven la misma onda y la hacen ver naranja, mientras que otros la hacen ver azul. Los cerebros son tan raros que esto es posible.

Lo que es aún más raro es que, por ejemplo, algunas personas ven más verde que otras. ¿Te acuerdas de los conos detectores de luz de los que hablábamos? Algunas mujeres tienen más de un tipo de conos de luz verde en sus ojos. Esto les permite percibir verdes más azulosos y verdes más amarillentos. Es como tener supervista. Así que es totalmente posible que nadie vea los colores de la misma manera.

Lo veo y no lo creo

El cerebro siempre está ocupado. Tiene que pensar tus ideas, controlar lo que haces, procesar lo que percibes y hacer TODO para mantenerte con vida. Entonces, a veces toma atajos para percibir la información. Una ilusión óptica se aprovecha de estos atajos para jugarle trucos increíbles a tu ojo. ¿Quieres ver?

Si mueves los ojos cerca de esta imagen, ¡parece que los círculos giran! Esto se debe a nuestra forma de procesar los patrones por el rabillo del ojo. ¿Te mareaste?

De pronto, los círculos blancos en esta cuadrícula se vuleven negros. Pero cuando los miras directamente se hacen blancos de nuevo. ¡Qué raro!

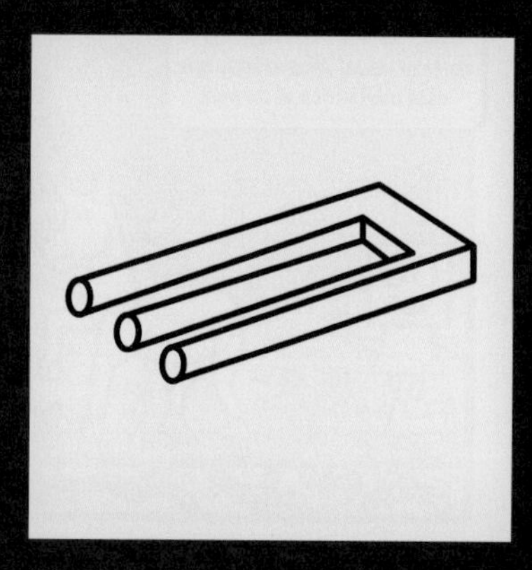

Si miras el lado izquierdo de esta imagen, ves tres tubos. Si miras al lado derecho, son dos. A los cerebros les cuesta trabajo procesar esta clase de imágenes.

¿SE PUEDEN CONTROLAR LOS SUEÑOS?

Todo el mundo sueña de cuatro a seis veces por noche, pero la mayor parte se nos olvida. Los sueños suceden en ciclos y se alargan mientras dormimos. El primer sueño de la noche durará unos veinte minutos, pero el último ¡dura casi una hora! Y aunque parece un descanso, hay partes del cerebro que siguen trabajando mientras sueñas.

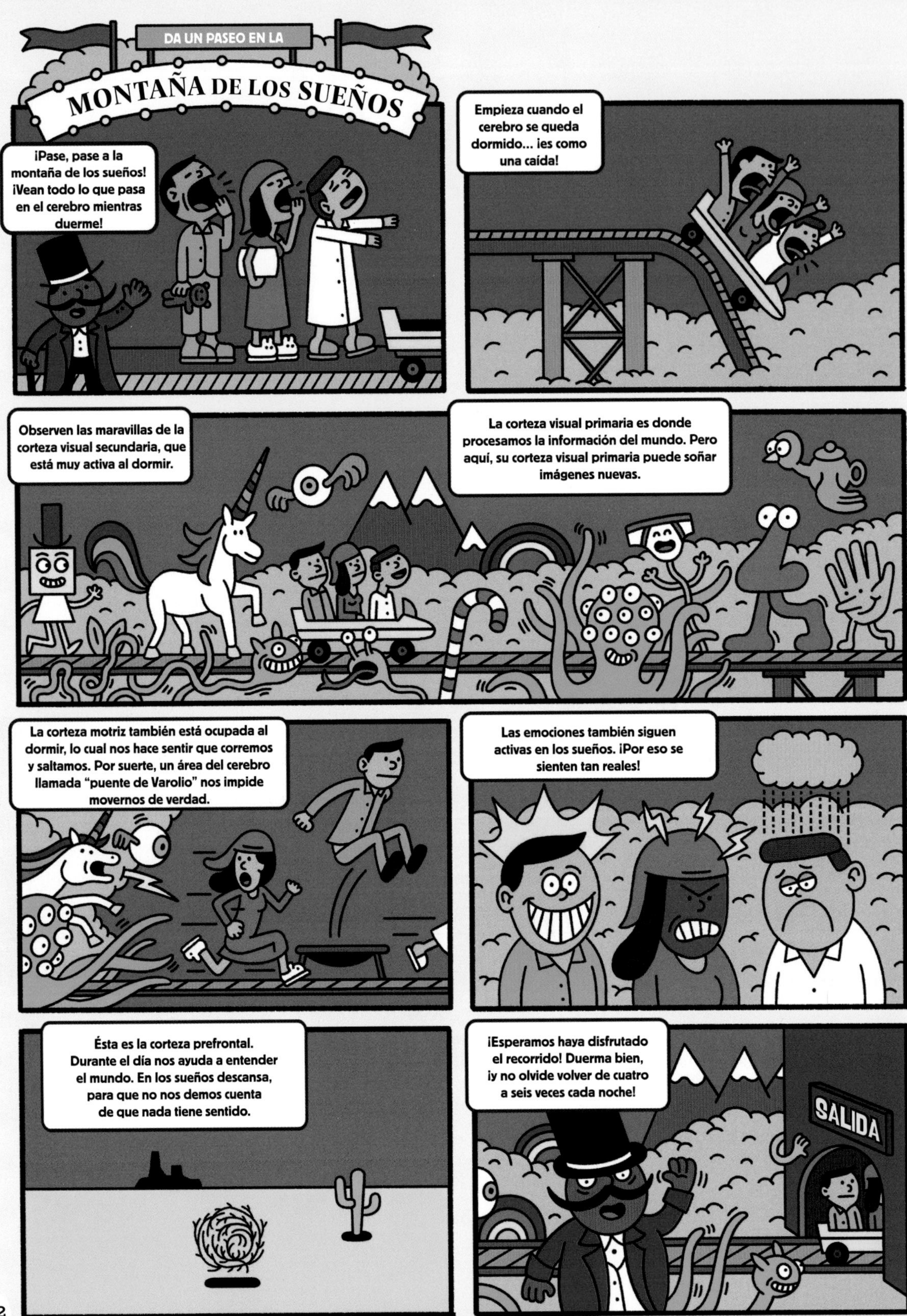
DA UN PASEO EN LA
MONTAÑA DE LOS SUEÑOS
¡Pase, pase a la montaña de los sueños! ¡Vean todo lo que pasa en el cerebro mientras duerme!
Empieza cuando el cerebro se queda dormido... ¡es como una caída!
Observen las maravillas de la corteza visual secundaria, que está muy activa al dormir.
La corteza visual primaria es donde procesamos la información del mundo. Pero aquí, su corteza visual primaria puede soñar imágenes nuevas.
La corteza motriz también está ocupada al dormir, lo cual nos hace sentir que corremos y saltamos. Por suerte, un área del cerebro llamada "puente de Varolio" nos impide movernos de verdad.
Las emociones también siguen activas en los sueños. ¡Por eso se sienten tan reales!
Ésta es la corteza prefrontal. Durante el día nos ayuda a entender el mundo. En los sueños descansa, para que no nos demos cuenta de que nada tiene sentido.
¡Esperamos haya disfrutado el recorrido! Duerma bien, ¡y no olvide volver de cuatro a seis veces cada noche!
SALIDA

¿Por qué soñamos?

Imagínate que haces algo todos los días sin tener idea del porqué. Así son los sueños. Todas las personas soñamos, pero la ciencia todavía no descubre por qué. ¿Qué son los sueños? ¿Imágenes y recuerdos del día que procesa el cerebro? ¿Historias divertidas que el cerebro inventa porque está aburrido? A través de los años, los científicos han propuesto montones de posibles explicaciones.

Teoría de sacar la basura

Solía pensarse que cuando soñamos nuestra mente depura información y recuerdos que no sirven. Después de todo, cada día experimentamos muchas cosas que se nos olvidan, como el desayuno o el color de la camiseta de un amigo. Pero investigaciones posteriores demostraron que, en todo caso, los sueños están llenos de cosas que queremos recordar. Por eso soñamos con el libro que acabamos de leer o el videojuego que acabamos de jugar. Así que podemos echar la teoría de sacar la basura, pues… a la basura.

Teoría de simulación

Según esta teoría, el cerebro usa los sueños para practicar situaciones de peligro. Entonces, si en un sueño te persigue un jaguar o llegas al examen sin haber estudiado, tu cerebro está practicando qué haría en esa situación. Así, si algo parecido te pasa en la vida real, ya tienes algo de práctica. El problema de esta teoría es que no todos los sueños dan miedo ni son amenazantes. De hecho algunos son bastante divertidos, como cuando sueñas que vuelas o que hay fuentes de pizza.

Triviaje

Los sueños son buenísimos para inspirarse. El físico Albert Einstein dijo que los rudimentos de su famosa teoría de la relatividad se le aparecieron en un sueño. El artista Salvador Dalí soñaba imágenes fantásticas y luego se despertaba para pintarlas. Músicos, desde Paul McCartney de los Beatles, hasta la estrella pop Taylor Swift, han dicho que escribieron canciones que oyeron en un sueño. Así que a dormir, ¡a ver qué gran idea se te ocurre!

Teoría del deseo cumplido

Esta teoría es lo opuesto de la teoría de simulación. Dice que cuando soñamos hacemos cosas que quisiéramos en la vida real pero que por alguna razón no podemos. Por eso sueñas que conoces a tu estrella favorita o que respiras bajo el agua. Pero de nuevo, hay sueños que no son para nada lo que nos gustaría. Muchos son angustiantes, aburridos o raros. Teoría del deseo cumplido… sí, ya quisiéramos.

Teoría de regulación del humor

Según esta teoría los sueños ayudan a manejar sentimientos o emociones difíciles. Si no te invitaron a una pijamada y eso te deprime, a la hora de dormir (en tu casa, carita triste) todavía te sientes mal. Pero según esta teoría, en el sueño sientes otras cosas, como confianza o alegría. Y puedes acordarte de cosas bonitas. Al despertar, ya te sientes mejor, con todo para empezar el día. Hay algunas investigaciones que confirman la teoría, pero no se puede comprobar porque no sabemos todo lo que pasa cuando soñamos.

Ponga aquí su teoría

Los científicos siguen buscando una explicación convincente, así que ¿por qué no propones la tuya? Recuerda algunos de tus sueños, escríbelos y analiza por qué los habrás tenido. ¿Tienen algo en común? ¿Tienen relación entre sí? Ya que tengas tu teoría, ponle nombre y cuéntasela a la gente. ¡Quizás un día te den el premio Nobel por ella! O bueno, se vale soñar, ¿no?

Dr. Samer Hattar

Si no dormimos bien nos enfermamos más seguido, estamos de peor humor y tenemos peores reflejos. ¡Nada bueno! El doctor Samer Hattar busca mejorar nuestros hábitos de sueño. Trabaja en el Instituto Nacional de Salud, donde descubrió células especiales en los ojos que absorben la luz y le informan al cerebro que es de día. Específicamente, estas células absorben luz azul del sol. Pero resulta que las computadoras también emiten luz azul, engañando a las células de los ojos y haciéndolas creer que es de día a todas horas. Esto confunde al cerebro y nos dificulta dormir. Samer recomienda pasar dos horas sin pantallas antes de dormir.

¡INVENTA TU PROPIO SUEÑO!

Sí puedes controlar tus sueños, pero no es fácil. Sigue estos pasos para saber si puedes construir tu sueño ideal.

- Piensa en algo que quieras soñar, como vacaciones en Marte.
- Durante el día acuérdate de que quieres soñar con vacaciones en Marte.
- Antes de dormir, repite en tu cabeza que vas a soñar con Marte, una y otra vez.
- Mientras te quedas dormido, imagina el sueño que quisieras.
- Ten a la mano lápiz y papel. Al despertar escribe lo que recuerdes del sueño.
- ¡Sigue intentando! Quizá no lo logres al primer intento, pero, oye, unas vacaciones en Marte valen el esfuerzo, ¿no?

¿DE DÓNDE VIENEN LOS SENTIMIENTOS?

Más vale que la siguiente tarjeta de San Valentín que recibas tenga un cerebro, porque los sentimientos no están en el corazón, ¡sino en la cabeza! Otras partes del cuerpo también ayudan, como las tripas (excelente decoración para tarjetas de amor, también). Pero cuando se trata de emociones, como felicidad, tristeza, enojo y ansiedad, el cerebro es la clave. ¡Así que deja de mentir, corazón! ¡Ponte a bombear sangre!

¡Felicidad!

¡Te encontraste un billete tirado! ¡Pasaste el examen! ¡Abrazaste a un amigo! ¡Le diste la mano a una astronauta! La felicidad, esa sensación brillante y excitante puede surgir de varias maneras. A veces es fácil, como comer un helado (felicidad instantánea, ¿no?). A veces requiere mucho esfuerzo. Pero no importa cómo lo conseguiste, el sentimiento viene de unos químicos en tu cerebro llamados neurotransmisores.

¡Goool! Hiciste la jugada perfecta y ahora tu equipo va ganando. De repente tu cerebro se llena de dopamina. Así se entera de que eso se sintió muy bien. Ahora tienes mucha emoción y motivación. Hora de meter otro gol.

Desde la banca, el resto de tu equipo te echa porras, así que tu cerebro libera otro químico llamado oxitocina, que te hace sentir más cerca de las personas que te quieren. Al mismo tiempo, obtienes otras señales químicas de la serotonina, que te mantendrá sintiéndote bien mucho después de acabar el juego. Otras jugadoras importantes del equipo feliz son las endorfinas, que reducen el dolor, así que puedes no darte cuenta de que te duele un poco la rodilla por correr tanto.

Esta mezcla de químicos ayuda a crear los sentimientos de felicidad y alegría. No hay dos personas iguales, así que la mezcla de cada quien es un poco distinta. Algunas personas se alegran muy fácilmente. A otras les cuesta un poco más de trabajo. Cuando tu mezcla de estos químicos es abundante, te sientes bien y con menos preocupaciones. Hasta te ayuda a fortalecer tu sistema inmune para no enfermarte. Con razón la felicidad nos hace tan… pues… ¡felices!

PRONUNCIA
esto:
OX-CI-TO-CI-NA
SE-RO-TO-NI-NA

Tristeza

¿Te has sentido triste? Los demás también. Y a veces también muchos animales. De hecho, una de las formas en las que hemos podido estudiar por qué nos da tristeza es ver qué papel juega esta emoción en los animales. Las especies sociales, como los lobos, los peces y los humanos, vivimos en grupo. Los grupos protegen a los individuos, pues pueden trabajar en equipo para encontrar comida, compartir refugio y educar cachorros. Es una gran estrategia de supervivencia.

Pero estas relaciones sociales también afectan el humor, para bien y para mal, porque los animales sociales son muy competitivos. Por ejemplo, si dos langostas se encuentran en una pecera, es probable que compitan para ver cuál manda. La langosta que gana se vuelve dominante, y el cerebro de cada langosta cambia según si ganó o perdió. Los cambios químicos en la langosta perdedora se parecen a lo que llamamos tristeza. Quizá nadará menos o se quedará en una esquina de la pecera, escondida de las langostas.

Otra razón por la que los animales sociales pueden sentirse mal es que forman vínculos fuertes con los demás. Esto puede crear una sensación de pérdida cuando un ser querido se va. Así que la tristeza y la socialización parecen estar muy relacionadas.

¿Hace algún bien sentirse mal?

No hay duda de que estar triste es un fastidio, y sin embargo tiene su lado positivo. Algunos científicos piensan que, después de un tiempo, la tristeza motiva a los animales a cambiar, quizá formando nuevos vínculos o mejorando su posición social.

Socializar es una forma de hacer eso, claro. Cuando un gorrión bebé pasa tiempo con gorriones más experimentados, el bebé podrá aprender y practicar mejor sus canciones. Los peces jóvenes que pasan tiempo con los demás adquieren más confianza y se vuelven mejores para detectar el peligro. La tristeza es un efecto secundario de socializar, pero a la larga también puede ayudarnos a ser más felices. Si estás triste, recuerda que hay muchas personas que pueden y quieren ayudarte: tu familia y tus amistades. ¡No tienes que lidiar con la tristeza a solas!

COSAS QUE PUEDES HACER SI ESTÁS TRISTE

1. ¡Ejercicio! Te sube el ánimo y disminuye el malestar.
2. Acariciar a un animal. ¡Te relaja!
3. Meditar. Siéntate tranquilamente y respira lento y profundo para reordenar tu mente.
4. Habla de tu tristeza con alguien en quien confíes.

Enojo 

Llevas todo el día esperando. Por fin da la hora y regresas de la escuela. Abres el refrigerador esperando encontrar la empanada que guardaste anoche: sabrosa, suavecita, rellena… Pero, espera. No está. Entonces llega tu hermano, chupándose los dedos. “Estaba deliciosa”. Y entonces pierdes los estribos. Ataque de furia en 5… 4… 3… 2… 1…

La tristeza no es la única emoción que nos quita el control; el enojo también puede ser muy fuerte. Cuando nos enojamos, suele ser porque nuestro cerebro percibe una amenaza, como que alguien nos esté molestando o nos quite algo (¡como una empanada!). Las amenazas aceleran el cerebro, preparándonos para una reacción que los científicos llaman lucha, huida o parálisis. Esto quiere decir que vas a hacer una de tres cosas:

- **Luchar para defenderte.**
- **Huir para salvarte.**
- **Paralizarte para no llamar la atención.**

Cuando esto ocurre, tu cerebro envía un mensaje a unas glándulas que tienes justo detrás del cerebro para liberar dos hormonas: adrenalina y cortisol. Éstas le dicen a tu cuerpo que es hora de entrar en acción. Cuando la adrenalina y el cortisol recorren tu cuerpo puedes correr más y mejor, y tus músculos y tu cerebro tienen más combustible.

¡Y todo eso pasa antes de que te des cuenta de que hay una amenaza! Lo siguiente que sientes es que la cara se te pone roja, se te acelera el corazón, te sudan las manos y te dan ganas de pegarle a algo. La adrenalina y el cortisol son drogas fuertes y, ante una amenaza, como un leopardo hambriento, hasta podrían salvarte. Pero el peligro casi nunca es serio y estas hormonas sólo te ponen a la defensiva, de malas y difícil de tratar.

Entender por qué te enojas puede ayudarte a manejar el sentimiento de forma productiva sin lastimar a nadie ni romper nada. Respira hondo, cierra los ojos y ve a tu lugar feliz. Hay más empanadas. No es una situación de supervivencia.

Ansiedad

Mariposas en el estómago. Corazón acelerado. Pierna inquieta. Sudor por todas partes. No te asustes, es sólo ansiedad. La ansiedad y el nerviosismo son sentimientos universales y, como la felicidad, el enojo y la tristeza, son parte de la evolución humana.

Nuestros ancestros animales desarrollaron ansiedad para poder sobrevivir y tener descendientes. Imagina un animal que no sintiera ansiedad. No le importaría jugar en un precipicio, comer un hongo raro o molestar a una fiera hambrienta. Este valiente animal no duraría mucho. En cambio, un animal ansioso se mantendría lejos de los precipicios, se aguantaría el antojo de esos hongos y saldría corriendo si lo sorprende un león. Así tendría más probabilidades de vivir mucho y heredarle su carácter ansioso a sus crías, y ellas a las suyas.

¡CUÉNTANOS!

¿Qué se siente cuando te enojas?

"Como si alguien hubiera sacudido un refresco adentro de mí y quisiera explotar."
—Josie, de Tahoe City, California

"Se me aprietan los pies, las manos y los dientes. También siento que toda mi energía se acumula por dentro y que puedo ser muy fuerte o rápido."
—Jack, de Hollywood, Florida

Por eso los seres humanos tenemos una alarma de pánico integrada en el cuerpo y el cerebro. Y a esta alarma la llamamos ansiedad. Hoy ya casi ninguna persona interactúa con precipicios o fieras hambrientas, pero la alarma nos ayuda a no jugar cerca del tráfico y a no escalar muy alto en los juegos. Aunque a veces tenemos ansiedad por cosas que no nos ponen en peligro físico, como un examen o decidir con quién sentarte en el almuerzo. Es la misma vieja alarma integrada, sólo cambiaron las situaciones.

¿Por qué sentimos mariposas en el estómago?

Las emociones no sólo están en la cabeza, también viven en el cuerpo. Cuando estás en modo de lucha, huida o parálisis, tu sangre se mueve de tu estómago a los músculos de tus brazos y piernas. Eso retrasa tu digestión, y el descenso de flujo de sangre en tu barriga es lo que te da la sensación de mariposas. Es un efecto secundario de entrar en acción.

Si no puedes con la ansiedad, échate agua fría en la cara o ponte hielos en los ojos. Esto calma un poco los nervios. También te puedes sentar y respirar tranquilamente. Es una forma de decir: "Sí gracias, ansiedad, pero ahora no haces falta".

¡ERES TAN LINDO QUE TE COMO!

La ternura agresiva (el deseo de morder, apretar o comerte algo porque es muy tierno) es una emoción común. Emociones así, como llorar de felicidad o reírse de miedo, se conocen como dimorfismo expresivo. Lo mismo pasa cuando algo tierno te hace fruncir el ceño o decir: "Aaayyyy". No es que te sientas triste o mal. Algunos investigadores piensan que expresiones como éstas nos ayudan a contener emociones muy intensas, como ver un cachorrito tierno, un bebé adorable, o peor, un cachorrito tierno y un bebé adorable durmiendo juntos.

DUELO DECISIVO

LECTURA vs. VIDEO

En este combate cerebral, las personas amantes de la lectura se enfrentan cara a cara con las que aman el cine y la TV. En esta esquina, el placer acurrucado de la palabra escrita: ¡la lectura! En esta otra, pantallas de todos tipos y tamaños para estimular al cerebro: ¡el video!

BANDO DE LA LECTURA

- Cuando lees, tu cerebro hace una gimnasia mental sorprendente. Como la lectura no nos viene de forma natural (como hablar o caminar), nuestros cerebros desarrollan un sistema increíble para entender la palabra escrita, que involucra muchos procesos diferentes. Por lo mismo es común tener algún problema de lectura, como la dislexia.

- Leer estimula tu imaginación para llenar los vacíos visuales. Esto mejora las habilidades de conexión de tu cerebro mucho después de dejar el libro atrás.

- Al leer, le estás dando a tu cerebro una genuina rutina de ejercicio. Y si por ejemplo lees sobre alguien que corre o salta, eso activa también las partes de tu cerebro que se encargan de correr y saltar.

- ¿Quieres mejorar la memoria y la concentración? ¡Lee un libro! Eso le ayuda a tu cerebro a funcionar al máximo y mejora tu capacidad para retener información.

- ¡Relájate y duerme con un libro! Leer antes de dormir te ayuda a conciliar mejor el sueño. Es mucho mejor que ver pantallas antes de dormir, que más bien te lo dificultan.

BANDO DEL VIDEO

- Cuando vemos a otras personas (aún en video), se activan nuestras neuronas espejo. Si sentimos que otras personas sienten lo mismo, se fortalecen nuestros sentimientos. Incluso hay investigaciones que sugieren que las películas emotivas nos hacen formar vínculos más fuertes.

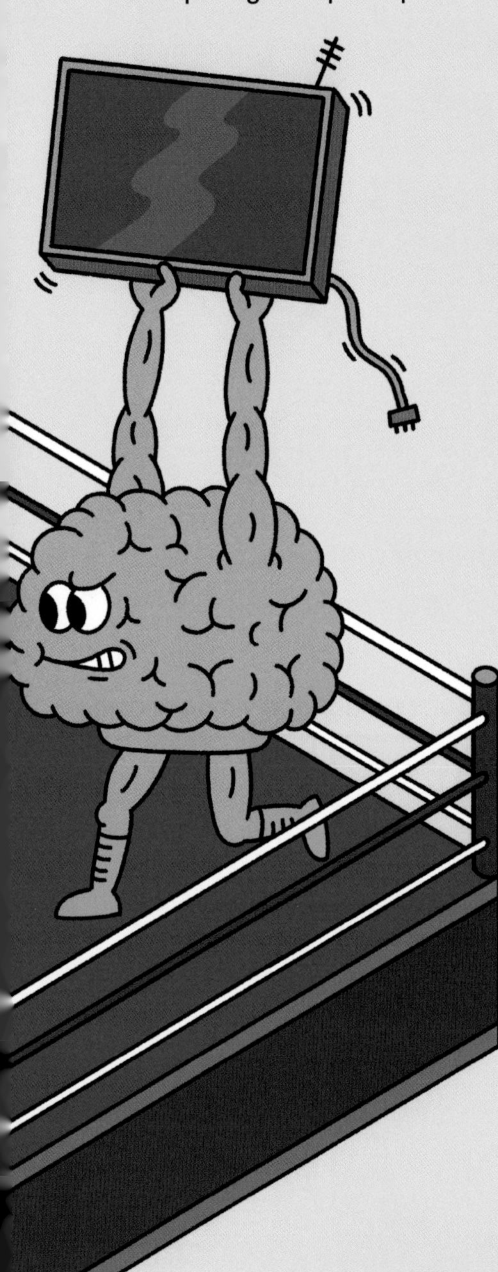

- ¡Ver algo divertido es ejercicio! Reír (unos 15 minutos de buenas carcajadas) baja tu presión arterial tanto como el ejercicio. ¡Y también fortalece tu sistema inmune!

- La música de una película o programa nos hace sentir las cosas más intensamente. Muchos estudios han demostrado que la música tiene un efecto directo en nuestras emociones, lo que intensifica el miedo, el enojo, la calma o la felicidad.

- Si en la pantalla ves que se acerca una pelota, puedes encogerte o hasta quitarte del camino. Eso es porque el video *hackea* nuestros sentidos, y nos hace creer que somos parte de la acción. A ver, menciona un libro que te haya hecho agacharte.

- Ver tus películas favoritas te calma. Como ya la viste, es fácil de procesar para el cerebro y saber qué pasará evita las sorpresas. Todo esto relaja la mente.

¿Qué actividad cerebral es más genial: la lectura o el video?

TÚ DECIDES

¿DE DÓNDE SACASTE ESOS GENES?

¿QUÉ ES EL ADN?

"Gen" rima con "ten", lo cual está muy bien. Porque los genes son algo que tienes. Que todos tienen. ¿De dónde vienen? Naciste con ellos, nadie te los compró. Tus genes son unas instrucciones muy complejas, incluidas en tus células y en las de todos los seres vivos. Entonces, si no se compran pero todos los tienen, ¿de dónde vienen? ¿De dónde sacaste esos genes? Primero entendamos qué es un gen.

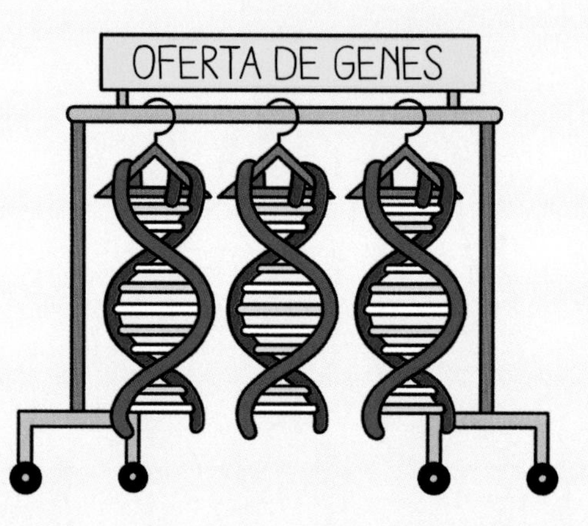

ACERCAMIENTO A LOS GENES Con el muy conveniente rayo acercador

Ácido desoxirribonucleico (ADN): Molécula en forma de doble hélice o de escalera torcida. Cada escalón está hecho de dos componentes; el orden de estos componentes le indica a tu cuerpo cómo debe ser y qué debe hacer.

¿POR QUÉ ME VEO ASÍ?

Casi todos tenemos 46 cromosomas, las cosas genéticas guardadas en tus células: 23 de tu padre biológico y 23 de tu madre biológica. Esto quiere decir que todas las personas tenemos ADN y genes de las dos personas que nos engendraron, y esto explica por qué nos parecemos a ellas.

Hay muchas clases de familias, y no todo el mundo forma una familia con sus padres biológicos, o siquiera los conoce. Pero el ADN que te hace ser tú viene de esas personas. Algunos atributos afectan tu apariencia, como tus pecas o el color de tus ojos. O la forma extraña de tus dedos.

Triviaje

Los Hombres X y las Tortugas Ninja son mutantes, ajá, pero tú también. De hecho todas las personas lo somos. Una mutación es un cambio azaroso en el ADN. A veces heredamos esos cambios y a veces ocurren durante nuestras vidas. A veces estas mutaciones causan enfermedades y a veces no nos hacen nada. O nos ayudan. El cabello rojo es una mutación, así como la capacidad de tomar leche. Casi ningún mamífero puede digerir la lactosa (el azúcar en la leche) en la edad adulta, pero algunos humanos tenemos una mutación que nos lo permite. ¡Así que la leche es una bebida para mutantes!

PRONUNCIA esto: RO-MO-SO-MA

¿? FOTO MISTERIOSA

Fíjate en la foto misteriosa . ¿Adivinas qué es? Respuesta en la página siguiente.

Otros genes afectan cómo funciona tu cuerpo, por ejemplo, si necesitas lentes, si el sol te hace estornudar o si el perejil te sabe a jabón. Todas esas cosas están en tus genes.

Pero, si bien todos nuestros genes vienen de los cromosomas de nuestros padres biológicos, tus cromosomas no son idénticos a los suyos. ¿Por qué?

- **Tu papá y tu mamá tienen 46 cromosomas cada quien (igual que tú).**
- **Antes de pasártelos a ti, estos cromosomas se revuelven como una baraja.**
- **Entonces tu papá y tu mamá te pasan cada quien 23 de sus cromosomas ya revueltos.**

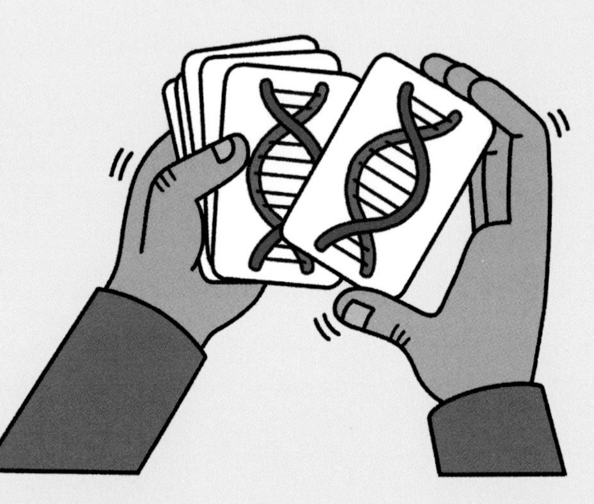

Así, la mitad de tus cromosomas acaban siendo una revoltura de los cromosomas de tu madre biológica, y la otra mitad es una mezcla de los de tu padre biológico.

¡Por eso nos parecemos a nuestra mamá y nuestro papá, pero seguimos siendo personas únicas! Es tan asombroso como complicado.

¡La respuesta!

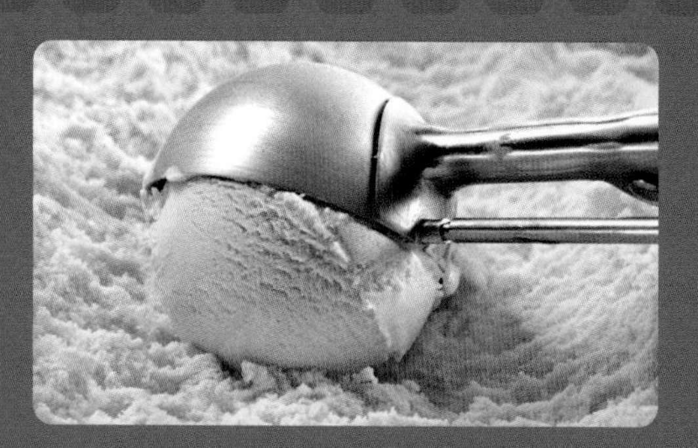

¡Es helado! Si el helado te hace daño, ¡es culpa de una mutación! El helado está hecho de leche, y la incapacidad de digerirla se llama intolerancia a la lactosa: un azúcar en los productos lácteos. La gente que sí puede ingerir lácteos produce una enzima llamada "lactasa", que deshace la lactosa. Todos los mamíferos producimos lactasa de bebés y dejamos de hacerlo cuando ya no tomamos leche de nuestra mamá. ¡Pero algunos humanos la siguen produciendo!

EL LIBRO DE TI

Tus células, así diminutas y microscópicas como son, contienen un montón de información. El ADN que casi todas tus células llevan incluye todas las instrucciones para hacerte. Cada humano tiene de 20 000 a 25 000 genes en su ADN.

A toda esa información se le llama genoma. Y tu genoma te hace quien eres. Los científicos empezaron a buscar descifrar todo el ADN del genoma humano en 1988, y les tomó quince años terminar la tarea. Ahora, gracias a las computadoras, un genoma humano entero puede descifrarse en minutos.

Genoma: La colección de genes que conforma el ADN. Toda la información genética de un organismo.

Sabemos, por ejemplo, que dos de los genes que afectan el color de los ojos están en el cromosoma #15 y que el gen que controla tu capacidad de beber leche está en el cromosoma #2. Pero sigue habiendo muchos datos que no conocemos.

Digamos que el genoma de cada persona es un libro. No hay dos libros iguales, pero si comparamos tu libro con el de cualquier otra persona, serían 99.9% iguales. Eso es muy parecido, ¿no? Pero en ese 0.1% de diferencia están todas las cosas que te hacen una persona genéticamente única. Y eso viene de tus antepasados. Los cromosomas que tú heredaste han sido transmitidos de generación en generación. Esa historia contiene muchas historias, y la ciencia está aprendiendo a leerlas.

MOMENTO YIU

SANGRE, TRIPAS Y ADN

Todas las células de tu cuerpo tienen ADN, excepto por los glóbulos rojos y el cabello. Eso quiere decir que podemos hacer un mapa de tu genoma a partir de cualquier otra parte del cuerpo. Se puede usar cabello si conserva el folículo (el bultito en la base). Y los glóbulos rojos no sirven, pero los glóbulos blancos, sí. La saliva, el moco, la orina y el vómito suelen incluir restos de piel o tejido con ADN, así que esos también sirven. Si quieres.

CIENTÍFICA GENIAL

Dra. Janina Jeff

La doctora Janina Jeff es genetista. Su trabajo consiste en entender toda la información guardada en nuestros genes. En particular le interesan los genes de las personas de ascendencia africana. No sólo porque son los genes más antiguos que existen, sino porque al examinarlos podemos desarrollar medicina que le sirva a todas las personas del mundo.

¿POR QUÉ NO PODEMOS USAR ADN DE DINOSAURIO PARA HACER DINOSAURIOS?

Los científicos han logrado clonar (o sea, hacer una réplica exacta) a muchos animales usando sólo su ADN. La primera fue la oveja Dolly, clonada en 1996. Pero ¿qué pasa si quieres construir a un animal extinto? Quizá encuentres algo de ADN en un fósil, pero el problema es que el ADN se desintegra con el tiempo y después de 1.5 millones de años ya no sirve para nada. Y pues los dinosaurios se extinguieron hace 65 millones de años. O sea que, incluso si encontráramos ADN de dinosaurio, las instrucciones estarían tan viejas y obsoletas que ni siquiera las mejores células podrían hacer un dinosaurio con ellas.

HORA DE HMM

¿POR QUÉ EL CAFÉ IMPIDE DORMIR?

El café contiene un químico llamado cafeína, que te impide dormir. Resulta que la cafeína es gemela de otro químico llamado adenosina. Durante el día, tu cuerpo produce adenosina y la guarda en vasitos de tus células, lo que te provoca cansancio. Como la cafeína es gemela de la adenosina, cabe en los mismos vasitos, pero sin cansarte. Y cuando llega la adenosina buscando células dónde guardarse, resulta que ya se llenaron de cafeína, así que no te puedes cansar.

¿POR QUÉ SON MORADOS LOS MORETONES? ¿CÓMO SE FORMAN?

Cuando la luz pasa a través de tu piel y otros tejidos, hace que la sangre en el interior se vea azul. La sangre pasa por unos tubitos bajo tu piel, y cuando te golpeas la rodilla o el brazo, esos tubitos se rompen. Como tu piel no se rompe, la sangre no tiene a dónde ir, y forma un charco justo debajo de tu piel. Eso es el moretón. A cada persona se le hacen diferentes moretones, pero todos los vemos azules o morados al principio, aunque la sangre del charco es roja.

¿QUÉ PASA EN MI CUERPO CUANDO ME TRUENO LOS DEDOS?

Ese chasquido que escuchas es ¡la aparición de una burbuja! Las articulaciones son los lugares de tu cuerpo donde se juntan dos huesos, como tus nudillos o tus rodillas. En esas secciones hay presión negativa, como una pequeña aspiradora que ayuda a mantener los huesos unidos. Cuando estiras una articulación, rompes el vacío de manera temporal y dejas salir un poco del nitrógeno que contienen tus huesos, lo que forma una burbuja que revienta rápidamente.

¿POR QUÉ ME MAREO CUANDO DOY VUELTAS?

Tu oído interno tiene un órgano especial llamado aparato vestibular, que le ayuda a sentir la inclinación, la dirección y los cambios de velocidad. Se trata de una serie de tubitos cubiertos de pelo microscópico y llenos de gel. Cuando te mueves, el gel fluye por esos tubitos. El pelito siente el movimiento del gel y le informa al cerebro que te moviste. Cuando dejas de moverte, le toma un tiempo al gel dejar de moverse también. Ese flujo en tu cabeza le hace creer al cerebro que te estás moviendo y crea la sensación de mareo.

¿POR QUÉ DA HIPO?

El hipo empieza con una señal del diafragma, un músculo plano debajo de tus pulmones. Cuando te da hipo, tu diafragma se contrae con rapidez, lo que te hace tomar aire muy rápido. Esto cierra tu glotis repentinamente y es lo que causa el sonido de "hip". La glotis se encuentra al principio de la tráquea, el túnel por el que el aire entra y sale de tus pulmones.

¿POR QUÉ TENEMOS HUELLAS DIGITALES?

Todavía no lo sabemos bien, pero hay varias teorías. Una es que hacen a los dedos más sensibles. Otra es que son una protección que nos fortalece contra las ampollas. Si has tenido ampollas en manos o pies, habrás notado que no te salen donde tienes huella digital.

¿POR QUÉ NO ME PUEDO HACER COSQUILLAS?

La piel está cubierta de receptores que tienen la tarea de informarle al cerebro y a la espina dorsal lo que sientes. Pero para el cerebro es prioridad tomar nota de lo que no puedes controlar, como otras personas, animales u objetos que rozan tu piel. Cuando le haces algo a tu propio cuerpo, como cosquillas, tu cerebro no reacciona tan intensamente, porque sabe que eres tú. Sí se sienten, pero no tanto.

PARTE 4
EL MICROVERSO

QUÉ PEQUEÑO ES EL MUNDO (EN SERIO)

Psst. Te vamos a contar un secreto. No importa dónde estés justo ahora, tienes compañía. De hecho tienes muchísima compañía. Hay miles de miles de millones de seres dentro y fuera de ti. Seres tan pequeños que sólo se ven con microscopio. En el aire. Bajo tierra. ¡En tu comida! ¡En tu cuerpo! ¡Y están *vivos!*

Este secreto micromundo se parece mucho al nuestro: lleno de habitantes, muy activos y muy pedorros (ahorita te explicamos). Casi todos estos diminutos organismos son inofensivos, y todos son superfascinantes. Los llamamos microbios. Te los presentamos.

- **Bacterias:** Estas criaturitas microscópicas tienen una sola célula. Hay toda clase de bacterias y se les encuentra en todas partes: desde la cima de las montañas hasta el fondo del océano. También son unas grandes comelonas. Según el tipo, pueden devorar de todo, desde comida rancia hasta piedras.

- **Hongos:** Hasta hace pocos años pensábamos que eran plantas, pero ahora sabemos que son una forma de vida aparte. Los hay de todas formas y tamaños. Digieren su comida por fuera, lo que quiere decir que descomponen los alimentos alrededor de ellos y luego absorben los nutrientes. Los hongos pueden ser tan grandes como un champiñón, que se ve a simple vista, o microscópicos, como la levadura.

- **Microfauna:** Son animales que no se pueden ver a simple vista, como los invencibles tardígrados, los gusanitos nematodos y los diminutos ácaros: los primos miniatura de las arañas y garrapatas.

Microbio: Un ser vivo tan pequeño que sólo se puede ver con microscopio.

¿Quieres conocer mejor a estos bichos? ¡Genial!

Usaremos el rayo acercador. ¡SHUUUU!

AY, activamos el modo reductor. Tic, tic, tic, *¡BING!*

Y apretamos el botón de reducir... 3, 2... espera. ¿Sí quieres hacer esto?

¿De veras?

¡Muy bien, aquí vamos! 3, 2, 1... ¡Reducción! *¡ZHWUH-VOOOOOOM!*

¡PRESENTANDO A TUS MICROBIOS!

Vaya, funcionó. Sobreviviste al rayo reductor. Eh… que obvio era totalmente seguro. Bueno, ya que eres del tamaño de un microbio, notarás que los glóbulos rojos parecen canoas, las células de la piel parecen casas y un grano de arena es casi una ciudad. Eres del tamaño ideal para conocer a los bichos que viven en el cuerpo humano; una comunidad que llamamos microbioma.

Tu microbioma se compone de las pequeñas criaturas que viven dentro y fuera de tu cuerpo. Hay como *1 billón* de microbios en tu piel y *100 billones* en tus tripas. Eso es muchísimo, es un número muy difícil de imaginar. Así que imagina esto: si cada microbio de tu cuerpo fuera una persona, cubrirían todo el continente americano. O sea todo. Apretados. Eso es mucha gente, y es la cantidad de microbios que tienes.

Microbioma: El total de hongos, bacterias y otras formas de vida microscópicas en un solo entorno, por ejemplo el cuerpo humano.

Pero estos microbios son mucho más pequeños que la gente, así que en lugar de cubrir varios países te cubren sólo a ti. Para entender lo pequeños que son los microbios, hagamos otro ejercicio de imaginación.

Imagínate un granito de sal. Chiquito. Bueno, los microbios son 600 veces más pequeños que ese granito de sal. Ahora fíjate en las líneas de tu dedo. Para los microbios cada una de esas líneas es una carretera gigante de varios carriles. Pero como ahora somos de su tamaño, podemos verlos de cerca.

¿Qué es eso que huele?

Aunque te hayas reducido, todavía puedes oler, y el cuerpo humano tiene algunos olores terribles. Está la pestilencia de los pies, el almizcle del aliento y el asombroso aroma a axila. Y, por supuesto, la famosa fetidez de una flatulencia. Y ahora que eres de tamaño microbio, puedes ver a las verdaderas culpables: ¡las bacterias!

Quizá piensas que las bacterias son malas porque causan infecciones. Es verdad, pero las de nuestro microbioma son superútiles. La ciencia todavía está aprendiendo un montón sobre la ayuda que nos dan estas bacterias, pero algo que parece seguro es que combaten a las bacterias dañinas.

A cambio nosotros les damos techo y comida. Las bacterias en el exterior de tu cuerpo se beben tu sudor y el sebo de tu piel. Las de tu boca se alimentan de los restos de comida que se atoran en tus dientes.

Triviaje

Tu cuerpo tiene más células de bacterias que de cuerpo (sí, de las que sí son tú).

Cuando estas bacterias comen, descomponen su alimento. Se quedan con los nutrientes que necesitan para tener energía y lo demás lo liberan como gas. Ese gas es de donde vienen todos los olores de tu cuerpo. Los olores a pies y a axila son gases de bacterias.

¡Un pedo son los gases de las bacterias en tus tripas! Así que no te lo echaste tú, ¡fueron ellas!

Tu axila y tu pie son diferentes, así que tienen diferentes clases de bacterias. Cada tipo de bacteria emite olores diferentes, y por eso los pies y las axilas tienen su propia peste personalizada.

- **El olor a cebolla en las axilas** viene de químicos llamados tioalcoholes. Lo hacen las bacterias que se alimentan del sudor de personas adolescentes y adultas. El sudor infantil es diferente y no les gusta a estas bacterias.

- **El olor a huevo de los pedos** viene de ácidos sulfhídricos. Muchos alimentos contienen azufre, como el pollo, el brócoli, la cebolla y el queso. Cuando las bacterias en tus tripas descomponen estos alimentos, crean ese famoso olor.

- **El olor a queso de los pies** viene de un químico llamado metanotiol, que se produce cuando las bacterias de los pies se comen las células muertas de tu piel.

Hay muchos alimentos que no podríamos digerir sin las bacterias en nuestros intestinos, que nos ayudan a descomponer toda clase de azúcares, fibras y proteínas, y también nos ayudan a obtener nuestros propios nutrientes. Claro, producen un gas apestoso en el proceso, pero vale la pena, ¿no?

Fraude histórico

Joe Rwamirama fue un héroe en su pueblo natal Kampala, en Uganda, gracias a sus pedos épicos. No sólo apestaban, eran especiales: mataban mosquitos. Un airecito de Joe y los bichos caían muertos. Finalmente una compañía de insecticidas se olió algo y le pidió a Joe permiso de estudiar sus pedos para encontrar el secreto. Los periódicos de todo el mundo publicaron la historia, con encabezados como: "¡Los pedos de este hombre son tan letales que matan mosquitos a seis metros de distancia!". Pero nada era verdad. La noticia original era de un sitio web dedicado a hacer bromas. ¡En pleno 2019! Lo que demuestra que aún nos cuesta olernos un fraude.

Dra. Heidi Kong

Heidi Kong es una dermatóloga e investigadora en los Institutos Nacionales de Salud, que busca entender mejor el microbioma de nuestra piel. Le parece muy interesante que la piel tenga distintas combinaciones de bacterias en cada región. Por ejemplo, las especies de bacterias en tu frente son distintas que las de tus brazos, tu boca o los dedos de tus pies. Algunas personas con enfermedades de la piel tienen diferentes mezclas de bacterias, hongos y virus, cosa que Heidi y su equipo de investigación también están estudiando.

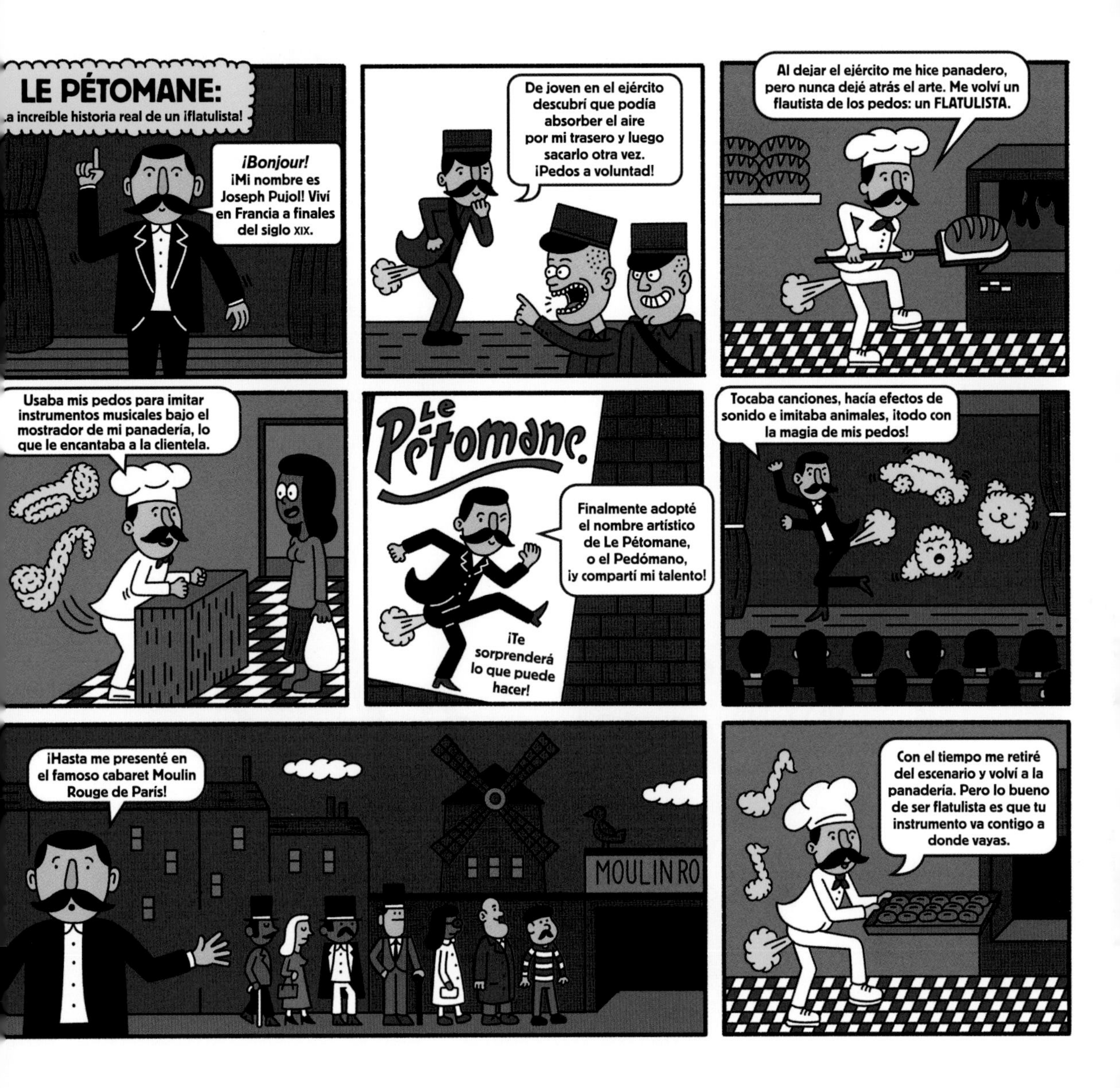

¡La Respuesta!

¡Es placa! Esta sustancia es una cobertura de bacterias que se desarrolla en tus encías y dientes. Acumular demasiada placa le hace daño a tus dientes y hace que se caigan. Por eso es bueno sacudir tus bacterias de vez en cuando lavándote los dientes.

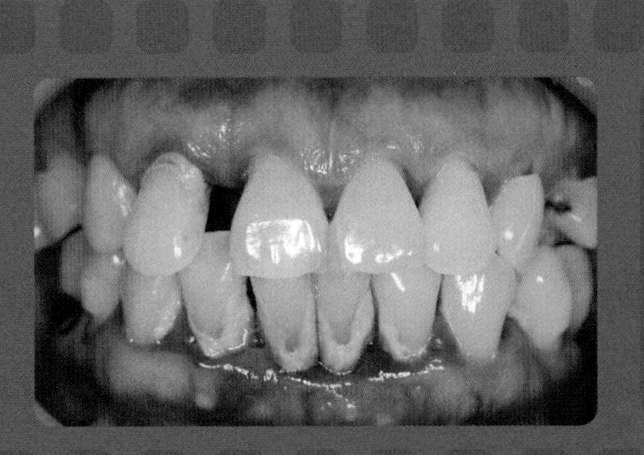

Los bichitos de tu piel

Dejemos atrás a esas bacterias pedorras para conocer otra parte esencial de tu microbioma: los diminutos artrópodos llamados ácaros. Normalmente no se pueden ver sin microscopio, pero con el rayo reductor podemos notar que estas criaturitas de ocho patas se parecen mucho a sus primas mayores: las garrapatas y las arañas. Excepto que los ácaros no viven en telarañas en el bosque. ¡Viven en tu cara!

A los ácaros demodex les encanta la grasa de tu piel, así que suelen vivir en las partes más húmedas como los ojos, la nariz y la boca. Estos ácaros pasan casi todo su tiempo libre en tus poros (los agujeritos de tu cara de donde sale el pelo, el sebo y el sudor).

Su lugar favorito son tus folículos capilares (tienes pelitos en todo el cuerpo, así que no hablamos sólo de tu cabeza). En las noches, los ácaros salen a la superficie a reproducirse y luego regresan a tus poros para poner sus huevos. O sea que tienes huevos de ácaro en la cara ahora mismo.

¿Ya te dio comezón? Los ácaros viven sólo unas dos semanas, pero eso basta para que nunca falten algunos viviendo en ti.

Demodex: Grupo de especies de ácaros que suelen vivir en los folículos capilares o cerca de ellos. Algunas especies viven en humanos, y otras en diferentes mamíferos.

ÁCAROS QUE MUERDEN EL POLVO

Sí, ya sabemos que todo este capítulo ha sido un "gran momento yiuu", pero es que no hemos hablado de los ácaros del polvo. Estos ácaros son como los que viven en tu piel, pero prefieren las células de piel muertas, las que tú y tus mascotas sueltan por toda la casa. ¡Y hay muchísimas! Una sola mota de polvo contiene miles de ácaros. Y la gente que tiene alergia al polvo, ¡en realidad es alérgica a las proteínas en las heces de ácaro!

Probablemente ahora sientas mucho asco o escalofríos. Pero los ácaros no hacen daño. ¡Es sólo que eres un lugar increíble para vivir! Como los ácaros y los humanos han vivido juntos por mucho tiempo (quizá desde que nuestra especie existe), los científicos pueden identificar a tus antepasados ¡por el ADN de tus ácaros!

¿Los hongos que nos rodean?

Los hongos también son gran parte de nuestro microbioma, pero no los hemos estudiado tanto como a nuestras bacterias, así que conocemos muy poco de ellos. Aún así, sabemos que nos han ayudado de una forma extraordinaria: ¡la penicilina!

Aunque las bacterias en nuestro cuerpo son vitales, las externas nos causan infecciones. Una infección sucede cuando un grupo de bacterias crece sin control en algún lugar de nuestro cuerpo. Por mucho tiempo, no tuvimos una forma segura de evitar las infecciones. Pero en 1928 un científico descubrió sin querer que un tipo de hongo llamado *Penicillium notatum* tenía el superpoder de matar bacterias. Durante 20 años, montones de científicos desarrollaron un medicamento a partir de este poderoso hongo, que hoy conocemos como penicilina. Fue el primer antibiótico que salvó incontables vidas. ¡Bravo, hongos!

PRONUNCIA esto:
PE-NI-CI-LI-NA

HONGOS O FUNGI

El nombre científico de los hongos es: fungi, que quiere decir "hongos" en latín. Así que si dices "fungi" en lugar de "hongos" también es correcto. Y además se puede pronunciar FUN-gui o FUN-ji, o sea que no hay manera de decirlo mal. Bueno, probablemente sí haya: "hongui" seguro está mal.

SUBIENDO TUS MICROBIOS A LA NUBE

Tu microbioma no sólo está en ti, también flota alrededor tuyo. La ciencia ha descubierto que hay una nube invisible de bacterias, hongos y células muertas flotando en torno a cada persona viviente. Cuando nos movemos, estos microbios salen volando de nuestra piel, y como son tan ligeros ¡se quedan ahí flotando! Esta nube se queda en los muebles, las paredes y las otras personas, aunque nunca las toquemos. Así que si alguien te dice que andas en las nubes, le puedes contestar: "¡Las nubes andan en mí!"

CÓMETE TUS MICROBIOS

¿Traes antojo de un bocado de bacterias? ¿Qué tal una sopa de hongos? ¿O una botanita de ácaros crujientes? Esto puede sonar totalmente asqueroso, pero los microbios son una parte importantísima de nuestra comida. Y no hay de qué preocuparse, porque son inofensivos. Algunos hasta saben rico. ¡Así que prepara tus cubiertos, porque vamos a masticar microbios! ¡Chomp!

UNA PIZCA DE BACTERIAS

Los hongos y las bacterias cocinan mejor que nadie, pero casi nadie les da el crédito que merecen. Ambas criaturas ayudan a preparar la comida que nos gusta. ¿Te gusta el pan? ¡Chef hongo! ¿Te gusta el chocolate? ¡Chef bacteria! ¿Te gustan los encurtidos? ¡Chef bacteria también! ¿Te gustan los encurtidos con chocolate? No, basta, ¡guácala!

¿Qué? Los encurtidos con chocolate son lo máximo, no me molestes.

Estos dos cocineros transforman los ingredientes en deliciosa comida usando un proceso llamado fermentación. Veamos, por ejemplo, los pepinillos. Empiezan como pepinos, cuyas bacterias naturales incluyen una llamada lactobacilo. Si pones los pepinos en una mezcla de agua y sal, llamada salmuera, eso pone al chef lactobacilo a trabajar.

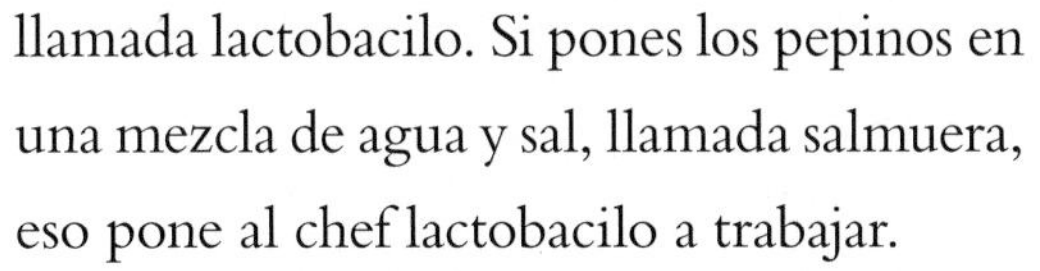

Fermentación: Cuando los hongos o bacterias se comen los azúcares y carbohidratos en la comida y los transforman en algo nuevo, como alcohol, ácidos o gas.

Las bacterias de lactobacilo empiezan comiéndose los azúcares naturales del pepino. Después liberan un material llamado ácido láctico, una cosa increíble. Primero, evita que crezcan bacterias dañinas, ¡así que tus pepinillos durarán años en un frasco sin echarse a perder! Después, el ácido láctico les añade un ácido a los pepinillos, que les da su sabor especial. Y espera a que sepas lo mejor: algunos lactobacilos generan vitamina B mientras fermentan esos pepinillos, lo que los hace más saludables.

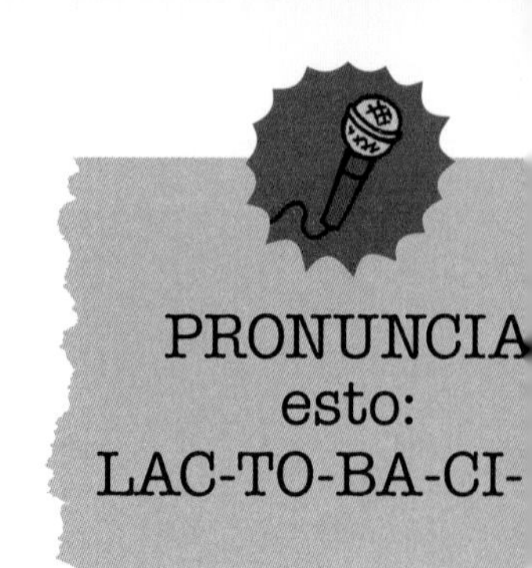

Y los pepinillos son la punta del iceberg. También se fermenta la col agria, la crema ácida, el kimchi, el salami, el miso, el yogurt, el tempe, la salsa picante, el vino, la dosa, la cerveza, el vinagre y mucho más. Hasta los granos de cacao necesitan fermentarse para hacerlos menos amargos y sacar su delicioso sabor a chocolate. Con razón hay tantos fanáticos de la fermentación.

¡En modo levadura!

Hornear pan es como hacer magia. Agarras un polvo seco, agregas agua, lo metes al horno y ¡tarán! ¡Sale pan esponjoso y delicioso! Es toda una transformación, y el hechicero detrás de la magia es un microbio llamado levadura.

La levadura es un hongo y, al igual que el lactobacilo, causa fermentación. En este caso, la levadura se come el polvo, como la harina o el azúcar. Pero en lugar de ácido láctico, la levadura suelta alcohol y un gas llamado dióxido de carbono. El alcohol se evapora al hornear, y el gas llena los poros en la masa. Con el tiempo, esos poros se expanden al entrarles más y más gas, como inflar un montón de globitos dentro de la masa. Esto hace que la masa crezca y le da al pan su esponjosa textura.

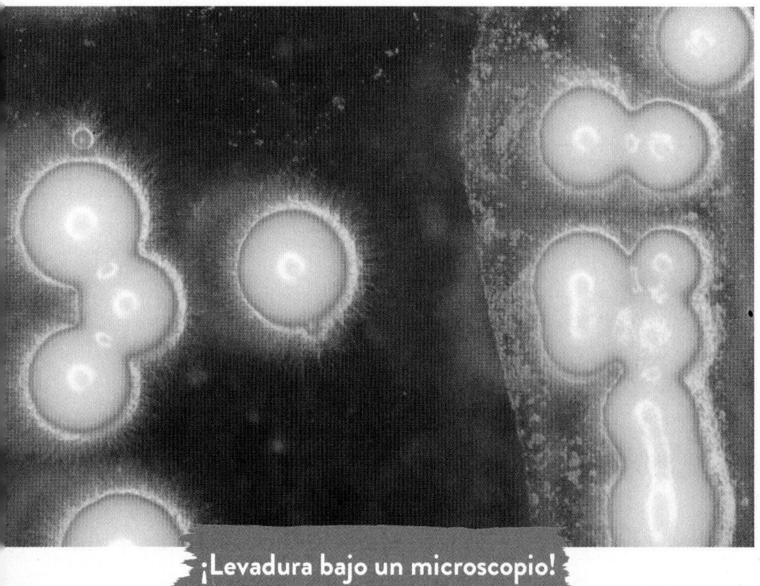

¡Levadura bajo un microscopio!

No todo lo que se hornea lleva levadura, pero sí casi todo el pan. Así que ahora que metas pan al horno, imagínate a unos maguitos de levadura haciendo que se infle. *¡Alakazam-wich!*

¿Quién inventó el pan?

Era una noche oscura y tormentosa. La genial científica, la doctora Hipólita Hornillos, experimentaba en su laboratorio de levadura, cuando le cayó un rayo a su alacena y golpeó el agua y la harina, creando a un monstruo: ¡el pan! Nah, broma. Nadie sabe quién inventó el pan. Lo que sí sabemos es que sólo se necesita agua, harina y levadura, y los humanos llevamos mínimo ¡22 000 años! moliendo granos para hacer harina, como indica el descubrimiento de una piedra viejísima que se usaba para moler cebada.

Lo más probable es que las personas que usaron esa piedra le pusieran agua a esa harina y se la comieran como potaje. Si alguien dejó ese potaje abandonado mucho tiempo, las levaduras naturales del aire lo habrían fermentado, lo cual habría amargado el potaje. Si alguien intentó recalentarlo, al ponerlo en el fuego se habría puesto sólido y esponjoso… ¡como pan! Los científicos piensan que así se hizo pan por primera vez, por puro accidente, y probablemente pasó muchas veces en muchas partes del mundo antes de que los humanos en verdad perfeccionaran el arte de hornear. Hasta donde sabemos, los primeros panes fueron planos, como las tortillas o la pita. Luego cada cultura creó sus propias formas de hornear ¡y ahora hay toda clase de panes únicos alrededor del mundo! Todo porque a alguien se le olvidó el potaje afuera. A veces conviene comer lento.

¡SUELTA MIS REBANADAS!

¿Y cuándo se inventó el pan rebanado? Al principio no era tan popular. En los 1920, Otto Rohwedder inventó una máquina que rebanaba una hogaza entera de una vez. Muchos panaderos dijeron que era una mala idea, pues el pan se pondría duro o se desmoronaría. Pero poco a poco se volvió algo normal. Durante la Segunda Guerra Mundial, el gobierno estadounidense prohibió rebanar pan para ahorrar recursos y maquinaria. La gente se enojó tanto con la medida, que la cancelaron dos meses después.

Amor es... leche con microbios

Los microbios aman la leche. A veces la echan a perder, lo que la deja ácida, espesa y mohosa. Guácala. Pero en las circunstancias adecuadas, pueden convertir la leche en un montón de alimentos fantásticos, como yogurt, queso, crema o mantequilla. El yogurt, por ejemplo, se hace calentando primero la leche para matar las bacterias malas, y luego agregando bacterias buenas para fermentarlo. Estas bacterias buenas no sólo le dan su sabor ácido y refrescante, sino que también ayudan a tu digestión. Resulta que algunas de estas bacterias sobreviven cuando te las comes, viajan a tu intestino y pueden quedarse para ayudar a descomponer los alimentos. Entonces cuando comes yogurt es como invitar a unos amigos a que te ayuden con la casa. Mientras más, mejor, ¿no?

El queso también se hace con leche fermentada, pero el proceso es un poco más complicado:

1. **Para hacer queso, a la leche se le agregan bacterias y otros ingredientes para que se ponga rico y espeso.**
2. **Se escurre el líquido sobrante y se le agrega sal a lo que queda, que se conoce como cuajada.**
3. **Luego se aplasta la cuajada para liberar cualquier humedad restante y que quede firme.**
4. **Finalmente, la cuajada se deja añejar en un cuarto fresco y oscuro. Algunos tipos de quesos se añejan en unos días, mientras que otros se dejan añejando por años.**

Las bacterias trabajan durante todo ese tiempo, comiéndose los azúcares de la leche y liberando ácidos que hacen que el queso sepa a queso. Pero no sólo las bacterias trabajan aquí. Es hora de presentar a los pequeños expertos en queso…

LA MEDICINA DE YOGURT

Cuenta la leyenda que el yogurt una vez salvó a un rey d un vergonzoso problema de popó. En 1542, el rey de Francia tenía un grave problema de diarrea que no se le quitaba. Los médicos lo intentaron todo, pero, ¡ay!, el rey no dejaba de hacer del dos Era una situación sin fin y sin esperanza. Entonces Solimán Magnífico, sultán del Imperio otomano, envió a uno de sus médicos a ayudar. Este médic le dio al rey un alimento que n se conocía en Francia, pero qu era muy popular en el Imperio otomano: yogurt. ¡Al comerlo los problemas de popó del rey terminaron! Su trasero real estuvo muy agradecido.

PRESENTAMOS A... ¡LOS ÁCAROS DEL QUESO!

Hola, soy Quirina y él es Quintín. Somos ácaros del queso.

¡Hacemos popó en tu queso!

Espera, no. Calma. No hace daño. De hecho algunos fabricantes de queso agregan ácaros adicionales a los ingredientes, pues cuando nos comemos un queso, nuestros jugos gástricos le agregan sabor.

¡Muy rico!

Ajá. Y hasta estamos en la receta de quesos *gourmet* como el Milbenkäse o el Mimolette.

Además, ¿qué te importa si hacemos popó en tu queso? ¡También hacemos en tu cara! ¡Adiós!

Fraude histórico

A finales de los 50, una compañía italiana vendía bolsas de queso parmesano rallado. Miles de italianos se lo comieron. Pero resultó que no era parmesano. Ni queso. Los inspectores de alimentación descubrieron que en realidad la compañía vendía escombro molido, mezclado con un pegamento que se usaba para hacer botones, paraguas y juguetes. Se decomisaron unas tres toneladas de este queso falso. Al parecer engañó muy bien a la gente, porque la compañía casi no recibió quejas.

Triviaje

El pueblo alemán de Würchwitz es famoso por su queso Milbenkäse, que se hace con ácaros. Pero este tradicional método casi fue olvidado. En los 70 sólo quedaba una señora que sabía hacerlo. Por suerte se lo enseñó a un profesor de ciencias, ¡que resucitó la receta! Como tributo a su tradición rescatada, el pueblo hizo un monumento ¡a los ácaros!

¿Por qué la comida se echa a perder?

Al fondo de la nevera, escondido bajo la mantequilla, acecha. Te espera. Viene para hacerte vomitar. Es… ¡EL JAMÓN PODRIDO!

No todos los microbios son buenos. Muchos descomponen la comida y te enferman si te los comes. Mantenemos la comida refrigerada para que estas plagas no se reproduzcan, pero no son tan fáciles de vencer. Si les das tiempo, pueden echar a perder lo que sea. Así que hay que estar alerta a las señales…

LA LISTA DE "¿ME LO PUEDO COMER?"

- ☑ ¿Es lechuga o embutido con una cobertura babosa?
- ☑ ¿Es una fruta o verdura que de pronto se puso café y arrugada?
- ☑ ¿Es pan o queso con pelusa verde?
- ☑ ¿Es leche o sopa que huele como la misma muerte?
- ☑ ¿Es un tarro abierto de salsa olvidado desde tiempo inmemorial que de pronto adquirió conciencia y ahora planea dominar el mundo cuando menos te lo esperes?

Si marcaste cualquier recuadro… ¡NO TE LO COMAS! Directo a la basura.

Recuerda: pelusa de gato, bien; pelusa de pan, mal.

Ahora que te redujiste a tamaño microbio, puedes ver algo que la gente normal no: hasta la comida buena tiene un poco de bacterias y hongos dañinos. Suele ser tan poquito que no nos hace daño. El problema es cuando esos hongos o bacterias tienen tiempo de crecer y multiplicarse.

Un poco de bacterias malas pueden reproducirse en la sopa vieja, alimentándose de los fideos y liberando toxinas en el caldo. Mientras más tiempo pase, más toxinas tendrá la sopa. Aunque se vea completamente normal, podría oler raro. Con el tiempo esa sopa tendrá suficientes toxinas para hacerte sentir muy mal demasiado rápido si te la tomas.

El moho es otro tipo de hongo que puede salirle a la comida. Se esparce lanzando pequeñas esporas al aire, como si lanzáramos muchos avioncitos de papel. Las esporas son como las semillas de los hongos. Algunas pueden caer en tu pizza sin que te des cuenta. Con el tiempo, las esporas crecen y esparcen el moho por toda la pizza, agregándole una nueva cobertura: peludas manchas verdes. Comer moho puede hacerle mucho daño a tu estómago, a veces tiene toxinas peligrosas. ¡Y cortar la parte verde y comerse lo demás también es peligroso! El moho echa raíces largas y profundas en la comida. Así que hay más moho del que parece.

Tu refrigerador es una de las mejores armas contra los microbios. Con el frío, los microbios se tardan mucho más en reproducirse, dándote tiempo de comerte esas sobras antes de que se echen a perder. Enlatar la comida también ayuda, porque una lata no tiene aire, y sin aire las bacterias no se esparcen. Pero al final los microbios siempre ganan y siempre echan la comida a perder. Así que mantente alerta, fíjate en el moho y, tratándose de sobras, recuerda siempre oler antes de morder.

Mientras aún tenemos el tamaño de un microbio, ¿qué te parece un microdescanso? ¿Un día en la playa? ¿O ir al parque? ¿O quizá un viaje al campo? Bueno, abróchate el cinturón, saca pasaporte y haz tus maletas, porque saldremos al mundo exterior del microverso. Quizá conoces los nombres de cien o más plantas y animales que viven en él, pero tratándose del rayo reductor, ese número va a aumentando mientras tu tamaño disminuye. De hecho hay una cantidad inmensa de microbios cubriendo TODO el planeta. El mundo sí es pequeño.

LOS PEQUEÑOS ORGANISMOS DEL MAR

Alista tu equipo de buceo y prepárate para dar brazadas de bacteria, porque nadaremos en el microcéano. A tamaño normal podemos encontrar delfines, pulpos, ballenas y caracoles, pero a tamaño célula hay muchos otros organismos por descubrir. Desde el fondo del océano a las olas en la superficie, hay microbios cubriendo cada centímetro del salado mar. De hecho, si recoges un litro de agua salada, estás recogiendo más de ¡mil millones de microbios!

Para empezar vamos a lo más profundo: al lecho marino. ¿Ves esas grietas que burbujean? Se llaman fuentes hidrotermales. Aparecen donde las placas tectónicas se separan, exponiendo regiones de magma lleno de minerales. Las fuentes hidrotermales alcanzan temperaturas de hasta 400 °C y lanzan chorros de agua hirviente desde el suelo oceánico. Como están hasta lo más profundo, reciben muy poco oxígeno y nada de sol. ¿Qué clase de bicho podría vivir en un ambiente tan extremo? Ya sabemos quiénes: ¡las bacterias!

Placas tectónicas: Inmensas losas de piedra que conforman la capa exterior de la corteza terrestre. Se mueven lenta y constantemente, separándose y chocando entre sí.

Pero estas no son cualquier bacteria, para nada. Al parecer, son superrudas y súper… ¿sabrosas? Desde que se descubrieron las fuentes hidrotermales, se han encontrado más de 800 especies de animales que se alimentan de estos microbios, como el peludo cangrejo yeti, gusanos del tamaño de un humano ¡y ostras del tamaño de tu cabeza!

Triviaje

Muchos científicos piensan que cuando la vida en la tierra empezó, hace unos 3700 millones de años, fue en las fuentes hidrotermales. Los pequeños microbios fueron evolucionando a no tan pequeños microbios, que empezaron a comerse entre sí y a seguir evolucionando, hasta que aparecieron nuevas especies animales. Tomó más de 3000 millones de años pasar de microbios a animales bípedos.

El plancton: los microbios más tranquilos del océano

Hora de dejar atrás esas ardientes fuentes y acercarnos a la superficie del océano. Aquí está el plancton. Para ser plancton, sólo necesitas vivir en el agua, como la del mar, por ejemplo, y moverte de un lugar a otro flotando a donde te lleve la corriente. O sea que una medusa que se deja llevar por el agua es plancton. Lo mismo los camarones bebé, que dejan de ser plancton cuando crecen y se mueven solos. Pero la mayoría del plancton son organismos minúsculos que no podemos ver a simple vista, por ejemplo, algas, bacterias y crustáceos o caracoles microscópicos. ¿Por qué estas criaturas se dejan llevar por la corriente? ¿Son superflojas? ¿Son supertranquilas? ¿No saben nadar? Quién sabe. Pero algo es cierto: sin plancton, quién sabe si habría vida en el océano.

Igual que los microbios en las fuentes hidrotermales, el plancton suele estar en la base de la cadena alimenticia, es decir que alimenta a montones de criaturas. Digamos que es la comida de la comida de la comida de tu comida. El plancton se divide en dos clases: el fitoplancton, que son organismos más parecidos a las plantas, y el zooplancton, más parecido a los animales.

PRONUNCIA esto: ZO-O-PLANC-TO

Hay animales de todos tamaños que se alimentan de plancton. Los peces lo aman, igual que los cangrejos y los pingüinos. Hasta las ballenas comen plancton. De hecho, lo único que come la ballena azul es kril, un zooplancton con forma de camarón (hablamos del kril y la ballena azul en la página 28). Como la ballena azul es el animal más grande del mundo (del tamaño de unos tres autobuses), necesita MUCHA comida. La ballena azul promedio come cuatro toneladas de kril diarias, es decir unos 10 millones de camarones.

Triviaje

Un tipo de fitoplancton unicelular, los dinoflagelados, brillan de color azul cuando los mueve la corriente. Este cambio de color se conoce como bioluminiscencia, y es una reacción química dentro de la célula. Es lo mismo que ilumina a las luciérnagas. Cuando hay muchos dinoflagelados en un solo lugar, ¡toda el agua brilla!

¿RESPIRAMOS BOSQUE O MAR?

Es muy probable que el aire que respiras en este momento venga del fitoplancton. Se estima que ¡80%! del oxígeno del mundo viene de estos organismos. Igual que otras plantas, el fitoplancton convierte el dióxido de carbono en azúcares y oxígeno, por medio de la fotosíntesis.

UN RÍO TINTO

Si un día viajas al sureste de España, podrías encontrar el Río Tinto, un río de aguas rojas. El color rojo proviene del hierro y el azufre en la zona, así que es dañino para la vida. Lo cual obvio no detiene a nuestras amigas las bacterias. O a los hongos. O a las algas. Se han encontrado esos y otros microbios viviendo felices en estas aguas tóxicas. Los científicos llaman a estas bacterias "comepiedras" porque se alimentan de los restos de hierro en las rocas. Y como resulta que la superficie de Marte es parecida a esta región, los astrobiólogos de la NASA están estudiando el microverso del Río Tinto para entender cómo podría ser la vida en otro mundo.

LAS BATICUEVAS DE LAS BACTERIAS

Ahora sécate y enciende tu linterna, porque vamos al siguiente microdestino: ¡las cuevas! Sabemos que ahí viven los murciélagos y Batman, y que son frías y siniestras, pero también están llenas de interesantes formaciones de roca. Puedes pasar días explorando estos pozos de oscuridad, encontrando áreas secretas en las profundidades de la tierra. ¿Qué encontrarás en ellas? ¿Rocas y cristales geniales? Sí. ¿Tesoros enterrados? Con mucha suerte. ¿Bacterias? Ah, eso sí, muchísimas. Y sí tienen superpoderes. En 2002, un grupo de investigación en la Cueva Colosal de Kentucky obtuvo unas muestras de bacterias para estudiar en su laboratorio. Resulta que una de esas bacterias produce una sustancia que impide el crecimiento de nuevos vasos sanguíneos. Esto es muy importante, porque el cáncer usa estos vasos sanguíneos para crecer. ¡Así que estas bacterias podrían usarse para combatir tumores y salvar vidas!

CIENTÍFICA GENIAL

Dra. Hazel Barton

La doctora Hazel Barton es microbióloga y exploradora de cuevas de todo el mundo, donde busca nuevas formas de vida. Como cualquier científica que estudia microorganismos, utiliza microscopios, pero ella también usa casco, linterna, cuerda, equipo de buceo, botas de alpinismo y, de vez un cuando, una canoa. A veces, para conseguir el espécimen perfecto a medio kilómetro bajo tierra, necesita meterse en lugares muy estrechos. La doctora puede meterse por espacios de unos quince centímetros de ancho. Dice que el truco es sacar todo el aire de los pulmones para que ocupen menos espacio, y pasar rápido al otro lado.

No es una gripe, pero el resultado es el mismo. Algunas cuevas escurren mucosa, una cubierta de bacterias que parece mocos. Esta sustancia está llena de microbios, y el moco es tan ácido que puede perforar tu ropa y lastimar tu piel. ¡No toques los mocos de cueva!

Algunas prersonas preferimos no tocar mocos y punto.

Un hongo poco amigable

Quizá los murciélagos sean los habitantes más famosos de las cuevas. Muchas especies necesitan cuevas para vivir, en especial en invierno, cuando hibernan. Pero en América del Norte, los murciélagos están en guerra… contra el microverso.

El síndrome de nariz blanca es causado por un hongo que ama crecer en lugares fríos y húmedos como las cuevas. El hongo se cuelga de las alas y narices de los murciélagos y los hace despertar de su hibernación antes de tiempo, cuando aún hace frío y no hay comida suficiente. Este síndrome causa la muerte de algunos murciélagos y se ha convertido en una terrible amenaza para ciertas especies como el pequeño murciélago pardo.

Aun si no te gustan los murciélagos, probablemente te gusta lo que hacen por el planeta. Algunos reparten semillas de árbol, mientras que otros polinizan las plantas de nuestras frutas preferidas. Los murciélagos también controlan la población de mosquitos y otros bichos molestos. Y no olvidemos su popó, también llamada guano, que es tan buen fertilizante ¡que ha causado guerras para obtenerlo! Por eso, la ciencia está trabajando duro para encontrar una manera de detener a este hongo matamurciélagos y salvar a nuestros amiguitos voladores.

DE LAS ESPORAS A HONGOS GIGANTES

Ahora volvamos por aire fresco, a pasear en un bosque de hongos. Hay más de cinco millones de especies de hongos, así que hay mucho que ver en este micromundo. Seguro conoces a los grandes, como los champiñones, pero son sólo uno de muchos. Hay hongos literalmente en todas partes. ¡Así que conozcamos a los hongos del mundo!

Los árboles y arbustos suelen ser los más populares del bosque, pero los conocedores saben que los hongos son las estrellas. Sin ellos, el bosque no crecería. Digamos que un árbol muere: son los hongos los que se comen la madera seca y descomponen las hojas y ramas para hacerlas desaparecer. Y mientras se lo comen, los nutrientes del árbol vuelven al suelo y alimentan nuevas plantas. Descomponer completamente algo del tamaño de un árbol toma décadas, pero sin hongos no pasaría nunca. Para mantener el ciclo, los hongos necesitan reproducirse. Como el moho, los champiñones y otros hongos liberan esporas, su equivalente a las semillas, para seguir esparciéndose.

Si quieres conocer un caso extremo de esporarmagedón, te presentamos al hongo de miel, un hongo muy especial. Como todos los hongos, empezó como una espora. Vive en un hogar frío y húmedo del bosque de Oregón, que no se llamaba Oregón cuando estas esporas empezaron a instalarse allí, hace más de 2000 años. La Tierra estaba cubierta de vegetación y el clima noroccidental era perfecto para que la espora se convirtiera en un hongo y enviara esporas nuevas. Cuando dos hongos de miel con una configuración genética similar se encuentran, pueden fusionarse en uno solo.

Espora: Una pequeña partícula producida por los hongos para reproducirse. A diferencia de las semillas, una espora no necesita fertilizarse y puede hacer una copia de un hongo por sí misma.

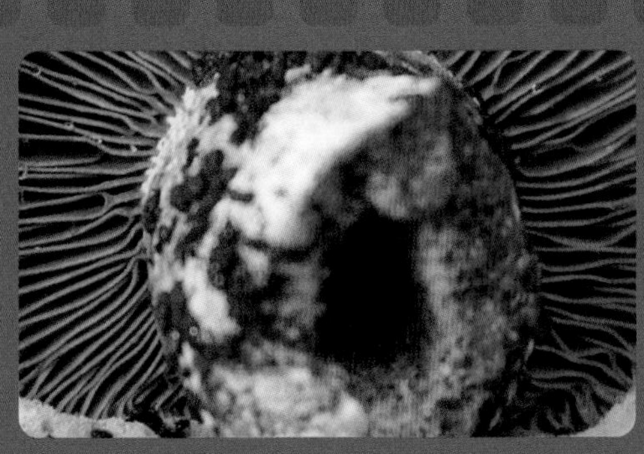

Fíjate en esta foto misteriosa. ¿Adivinas qué es?
Respuesta en la página 145.

Triviaje

Las esporas que anidan en la popó de animales son los organismos más rápidos del mundo. Usando una cámara de alta velocidad, se descubrió que las esporas del moho *pilobolus* se lanzan a cien veces la velocidad del sonido. Logran esta supervelocidad acumulando agua en las puntas, que parecen como ojitos negros flotantes. El agua lanza la espora lejos de la popó en la que crece, hacia la hierba cercana. Las esporas necesitan lanzarse así de rápido para poder llegar a un lugar que no sea el mismo del que salieron.

A través de los años, el hongo de miel se convitió en un experto en fusionarse y ha creado un imperio. Actualmente cubre cinco kilómetros, es el organismo terrestre más grande del mundo. Podemos decir que es un champiñón.

¿QUÉ HONGO?

Relaciona cada imagen con el nombre correspondiente en la lista.

Seta venosa • Colmenilla cerebriforme • Seta fantasma • Melena de león

A: Melena de león; B: Seta venosa; C: Seta fantasma; D: Colmenilla cerebriforme

Cultivado por compañeros y contrincantes

Muchas criaturas comen hongos ¡y algunas hasta los cultivan! Por ejemplo, la hormiga podadora, de la selva sudamericana, corta ciertas hojas y se las lleva… ¡para alimentar hongos! Igual que un granjero que cosecha paja para dársela a las vacas. El hongo crece y crece, alimentándose de esas hojas. Y con el tiempo, las hormigas podadoras bebé se alimentan de ese hongo. Cuando dos organismos cooperan entre sí, como la hormiga y el hongo, se habla de una relación simbiótica. En este caso, el hongo recibe hojas y la hormiga se come parte del hongo. ¡Todos ganan!

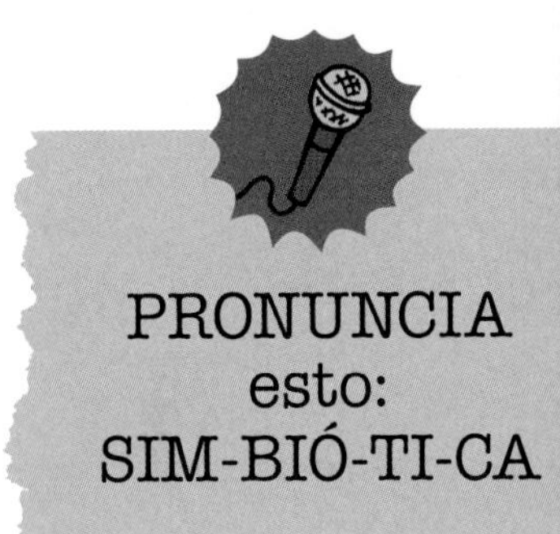

Pero no todos los hongos establecen relaciones igualitarias y amistosas. Está el caso de las esporas zombies. *Ophiocordyceps unilateralis* es un hongo de los bosques tropicales. Le gusta adherirse a las hormigas y ocupar sus cuerpos poco a poco. Al principio la hormiga parece normal, pero mientras el hongo se esparce por su interior empieza a actuar raro. Al fin al abandona el hormiguero y se cuelga de una hoja. Allí muere y un largo tallo de hongos sale de su cabeza para lanzar más esporas, que flotan en busca de otras hormigas a las cuales infectar.

El microverso es tan siniestro y extraño como interesante y maravilloso. Hay mucho que ver, pero no tiene sillas. ¿No extrañas las sillas? Grandotas, confortables… Tal vez es hora de desencogerse para que te puedas sentar un momento. Activemos el rayo acercador (en modo agrandar)… ¡SHUUU-VUUUM! Y ahí está. Otra vez tamaño normal. Pero no se te olvide lo que aprendimos hoy: que hay criaturitas minúsculas en todas partes. En la naturaleza, en la comida y haciendo popó en tu cara.

¡La Respuesta!

¡Es la parte de abajo de un hongo azul! Si pasas cerca de uno de estos hongos, parece un champiñón blanco cualquiera. Pero dale vuelta, ¡y descubrirás su azulada belleza! Incluso saca líquido azul si lo cortas. ¡Eso sí es sangre azul!

DUELO DECISIVO

TARDÍGRADO vs. MOHO LIMO

En la pequeña pelea de hoy, tenemos dos originalísimos organismos listos para enfrentarse ¡cara a baba! ¡En esta esquina tenemos al valiente, indestructible y adorable tardígrado! ¡En esta otra, está el asombroso, misterioso y baboso moho limo! ¿Qué organismo saldrá vencedor?

BANDO DEL TARDÍGRADO

- Este microanimal, también llamado oso de agua, puede vivir en cualquier entorno: al fondo del océano, en la cima de las montañas o en jardines y estacionamientos. ¡Y todo el tiempo encontramos especies nuevas!

- Los tardígrados sobreviven a los ecosistemas más extremos. Pueden vivir en temperaturas de -200 °C a 150 °C y pueden pasar 30 años sin tomar agua.

- ¡Puedes mandar tardígrados al espacio sin protección! Sobreviven en el frío y oscuro vacío por diez días, lo que quiere decir que aguantan altos niveles de radiación y mucha, muchísima presión. Y qué bueno porque es difícil hacerles trajes espaciales a la medida.

- Estas criaturitas adorables son muy antiguas. Existen desde antes de los dinosaurios, ¡hace unos 500 millones de años!

- Una de las claves de su resistencia es que pueden expulsar toda el agua de su cuerpo, encogerse en una pelotita y básicamente apagar su organismo. Se queda encendido, pero avanza muy muy lento. Pueden mantenerse en este estado por décadas, y se reaniman en cuanto entran en contacto con el agua otra vez.

DEL LADO DEL MOHO LIMO

- El nombre es para despistar; en realidad el moho limo no es un moho. Los mohos limo son seres unicelulares microscópicos que pueden encontrarse entre sí y fusionarse en una forma de vida unicelular más grande, a veces más grande que una persona.

- ¡Además se mueven! Muy lento, pero sí. Se trasladan cambiando de forma, arrastrándose y extendiendo filamentos. Hasta se pueden dividir y volver a fusionarse.

- Pueden sentir señales químicas y moverse hacia ellas o alejándose, según la señal. Esta habilidad se conoce como quimiotaxis. Los mohos limo también dejan sus propios rastros químicos, que les sirven como "recuerdos" de dónde han estado antes.

- Aunque son una sola célula sin cerebro, estos mohos limo pueden hacer cosas asombrosas. Pueden recorrer laberintos y escapar de trampas. Hasta se han usado en microchips para conducir robots y barquitos de juguete.

- Quedan muchas interrogantes sobre los mohos limo, pero una de las razones por las que se les estudia es que podríamos construir robots con base en ellos. ¡Estos robots podrían entrar a nuestros cuerpos y ayudar a realizar cirugías!

¿Qué pequeño organismo es más genial: el tardígrado o el moho limo?

TÚ DECIDES

HORA DE HMMM

¿POR QUÉ EL QUESO SUIZO TIENE HOYOS?

El queso está lleno de microbios que viven felices por comer grasas y azúcares. Y como nosotros, se echan gases. En su caso es dióxido de carbono. Pero como se los echan dentro del queso, se quedan atrapados, inflando el interior del queso como globitos. Cuando se revientan, dejan agujeros. Los fabricantes de queso los llaman "ojos".

¿POR QUÉ EL ALIENTO HUELE PEOR POR LA MAÑANA?

La saliva es buenísima para que la boca te huela bien. Ayuda a limpiar partículas de comida y bacterias. Cuando dormimos, no producimos tanta saliva, lo que hace que el aliento huela peor al despertar. Y si duermes con la boca abierta, se seca y huele todavía peor.

¿EN QUÉ SE DIFERENCIA UN PEDO DE UN ERUCTO?

Los dos son gases, pero salen de lugares distintos. Un eructo viene del gas en el estómago o el esófago. Este es aire que tragaste al comer y beber, o dióxido de carbono de refrescos (¡las burbujas del refresco están hechas de gas!). Los pedos, en cambio, vienen de las bacterias en tu intestino.

¿ES CIERTO QUE EL MAQUILLAJE TRAE INSECTOS?

Si revisas la lista de ingredientes del maquillaje rojo, encontrarás la palabra "carmín", es un pigmento que viene de la cochinilla y que se ha usado durante miles de años por su tinte rojo profundo. Estos insectos son 20 % ácido carmínico, la fuente del color. Para sacarles el ácido, hay que aplastar al insecto, empaparlo de alcohol y quitar las partes de insecto, con lo que te queda el puro pigmento rojo. Es básicamente jugo de bicho.

¿UN VIRUS ESTÁ VIVO?

Los científicos aún no se ponen de acuerdo. Hay quienes dicen que sí y quienes dicen que para nada. Esto es porque los virus no comen y no pueden vivir fuera de una célula huésped. Pero como pueden reproducirse y afectar su entorno, permanecen entre quizá sí y quizá no.

¿DE QUÉ ESTÁ HECHO EL POLVO?

La pelusa debajo de tu cama no está viva, pero viene de ti. Gran parte del polvo en tu casa es tierra y arena de afuera, pero también incluye cabello y células muertas de la piel (tuya y de tus mascotas), fibras de la ropa y los muebles, ácaros (y su popó), y contaminación de automóviles, fábricas y construcciones. La mezcla de partículas del polvo de tu casa es única y depende de quién vive ahí, dónde está tu casa y qué hay alrededor. ¡Es casi una huella digital!

¿LOS ANIMALES TIENEN MICROBIOMA?

¡Sí! No sólo los humanos tienen microbiomas. Los mamíferos, reptiles, peces, plantas e insectos tienen sus propias comunidades de microbios viviendo en el cuerpo. De hecho se ha descubierto que los microbiomas de los humanos y sus perros se van pareciendo con el tiempo.

¿QUÉ ES LO MÁS CHIQUITO QUE SE PUEDE VER CON MICROSCOPIO?

Los primeros microscopios, en el siglo XVII, ayudaron a descubrir las bacterias, los nematodos y otros seres vivos. Estas herramientas usaban lentes y luz para acercar muchísimo la vista a las cosas. Pero ahora hay microscopios que usan electrones en lugar de luz para acercarse muchísimo más. Estos microscopios electrónicos nos pueden mostrar hasta los átomos, las supersuperdiminutas piezas de las que está hecho todo.

FIN

Quizá mencionar lo asombrosa que es la vida. Digo, aprendimos de animales que cambian de color y forma, y de plantas que se hablan entre sí. Vimos que la vida puede existir en cualquier parte y que pasan muchas cosas a nuestro alrededor (¡y adentro!) que no podemos ver. ¡Y esto fue sólo una probadita! Hay mucho más por descubrir.

Así que cuando cierres este libro, sigue preguntando. Mira a tu alrededor. Excava en la tierra. Observa el cielo. Asómate a las plantas. Analiza a tus mascotas. Persigue pájaros. Haz amistad con un pez. Si te encuentras con algo que no entiendes, busca las respuestas. Te dará gusto haberlo hecho. El mundo está lleno de maravillas y aventuras, y sólo es cuestión de explorarlo con atención. Un rayo acercador ayuda, claro, pero para nada es necesario.

AGRADECIMIENTOS

Hay tanta gente a la cual darle las gracias. ¡Sin ustedes no existiría este libro!

Aplausos a Menaka Wilhelm, una persona divertida y brillante que nos mejora el podcast; a Elyssa Dudley, que nos prestó su cerebro y su talento; a Tracy Mumford por sus sabios consejos y apoyo; y a Lauren Dee, que lo hizo todo posible.

Y unas superGRACIAS gigantes de ballena azul a las personas que nos ayudaron en el camino: Mike Reszler, Lily Kim, Kristina Lopez, Rosie Du Pont, Brandon Santos, Lindsey Davis, Tsering Yangcheng, Phyllis Fletcher, Emil y Kittleson, Kris Cramer, Ruby Guthrie, Emily Allen, Ned Leebrick-Stryker, Jon Lambert, Corey Schreppel, Veronica Rodriguez, Eric Romani, John Miller, Eric Ringham, Sam Choo, Steve Griffith y Rachel Dennis. Gracias a la gente que impulsó este proyecto en sus inicios: Collin Campbell, Peter Clowney, Hans Buetow, Steve Nelson, Jon Gordon y Kristen Muller.

AMAMOS a nuestra editora, Samantha Gentry. Nos enseñó cómo se hace un libro y nos mejoró éste. ¡Gracias en especial a Albert Lee por las porras más entusiastas del mundo! Y muchas gracias a Laurie Calkhoven y al equipo de Little Brown Books for Young Readers: Megan Tingley, Jackie Engel, Lisa Yoskowitz, David Caplan, Karina Grand, Jen Graham, Andy Ball, Siena Koncsol, Stefanie Hoffman, Natali Cavanagh, Savannah Kennelly, Victoria Stapleton, Michelle Campbell y Christie Michel. Un millón de gracias a Ryan Katz, Tarri Ryan y Barbara Natterson-Horowitz por asegurarse de que nos saliera bien. Todo nuestro aprecio a Serge Seidlitz y Neil Swaab por darle vida a este libro.

También queremos agradecer a las científicas y los científicos geniales que tan generosamente nos dieron su tiempo y conocimiento. Nos han enseñado tanto, es un honor compartir su trabajo con el mundo. Y todo el amor a las niñas y niños que nos compartieron sus ideas y preguntas. Su creatividad y curiosidad son nuestra energía.

Y finalmente, agradecimientos épicos y palmadotototas a nuestras familias por su apoyo. A Andy y Lulu por hacer que la casa sea el lugar favorito, y a Carolyn, Stuart, Mickey, Delia, Dobie, Dickie, y Leenie por ser el equipo de porristas más ruidoso y leal. A Vikki y Coco por los chistes y por siempre estar disponibles cuando al podcast le faltan voces adicionales (¡shhhhhhhhh!), y a Jody y Skip por guardarse el escepticismo y decir que sí a todo. A Kathy por siempre creer en este proyecto. A Vicken, Bo, Brendan y Collin por el apoyo y por el amor a las preguntas complicadas. Y a Penelope A. Poodle por los cariñitos.

PARA SABER MÁS

Parte 1: ANIMALES

Barman, Adrienne, *Bestiario*, Libros del Zorro Rojo, 2014, Barcelona.

Beyer, María Emilia y Anthony Franz, *Luz propia. Un libro sobre seres que brillan*, Océano Travesía, 2020, México.

Broom, Jenny y Katie Scott, *Animalium*, Océano Travesía, 2015, México.

Caruso, Nick, Dani Rabaiotti y Alex G. Griffiths, *¿Se tira pedos?*, Océano Travesía, 2020, México.

Daugey, Fleur y Nathalie Desforges, *La vida amorosa de los animales*, Océano Travesía, 2017, México.

Gutiérrez, Xulio y Nicolás Fernández, *Ojos*, Kalandraka, 2016, Pontevedra.

Hirsch, Andy, *Perros. De depredadores a protectores*, Océano Historias gráficas, 2019, México.

Jenkis, Martin y Tom Frost, *Animales en peligro. Un mundo de especies amenazadas*, Océano Travesía, 2019, México.

Koch, Falynn, Murciélagos. *Aprendiendo a volar*, Océano Historias gráficas, 2019, México.

Parte 2: PLANTAS

Aladjidi, Virginie y Emmanuelle Tchoukriel, *Inventario ilustrado de flores*, Kalandraka, 2018, Pontevedra.

Barman, Adrienne, *Herbario*, Libros del Zorro Rojo, 2018, Barcelona.

Willis, Kathy y Katie Scott, *Botanicum*, Océano Travesía, 2017, México.

Wood, Amanda, Mike Jolley y Owen Davey, *El mundo natural*, Océano Travesía, 2017, México.

Parte 3: Humanos

Bailey, Jacqui, *Pelos por todos lados. Un libro sobre eso de crecer*, Océano Travesía, 2008, México.

Dodson, Emma y Sarah Horne, *El más asqueroso libro del cuerpo humano*, Océano Travesía, 2016, México.

Ledu, Stéphanie, *El cuerpo humano*, Océano Travesía, 2017, México.

Macaulay, David, *Cómo funciona el cuerpo*, Océano Travesía, 2011, México.

Woollcott, Tory y Alex Graudins, *El cerebro. La gran máquina de pensar*, Océano Historias gráficas, 2020, México.

Z. Paxton, Jennifer y Katy Wiedemann, *Anatomicum*, Océano Travesía, 2020, México.

Parte 4: MICROVERSO

Gaya, Ester y Katie Scott, *Fungarium*, Océano Travesía, 2020, México.

Koch, Falynn, *Plagas. La batalla microscópica*, Océano Historias gráficas, 2021, México.

Mould, Steve, *El libro de las bacterias: Feos gérmenes, virus malos y hongos chungos*, DK, 2018, Barcelona.

Rajcak, Hélène y Damien Laverdunt, *Los mundos invisibles de los animales microscópicos*, Océano Travesía, 2017, México.

ÍNDICE

A

adenosina, 118
ácaros, 128-29
 del polvo, 129
 del queso, 135, 136
 demodex, 128-129
ácido estomacal, 65, 82
ácido láctico, 132
ácido tánico, 51
ADN, 112-117
adrenalina, 108
ajolotes, 36-37
alergias, 88-89
 al polen, 67, 88
algas, 24, 140
aliento, 148
allium, 62
alveolos, 80
amborella trichopoda, 66-67
anatomía, 55
angiospermas, 66-67
animales apestosos, 42-43
animales, 2-47. *Ver también* animales específicos
 duelos decisivos, 18-19, 34-35, 44-45
 hora de hmmm, 46-47
ansiedad, 108-109
años de nuez, 52
aparato vestibular, 119
apareamiento
 animales, 25
 narvales, 25-26
árboles, 56-59
 comunicación, 56
 coníferas, 58
 de Josué parquet, 63-64
 de maple, 54
 pinos, 58
 piñas, 52
 salón de la fama, 53
 secuoya, 51-53
ardilla listada, 43
ardilla voladora, 46
aro gigante, 71, 72
arterias, 77
artrópodos, 20
asco, 100
atrapamoscas, 65
aurículas, 78
autoconciencia de animales, 2-3
axilas, 124, 125-126

B

bacterias, 122, 137
 de la piel, 126
 en zonas muertas, 24
 extremas, 138-40
 hora de hmmm, 148-49
ballenas, 46, 140
barbadas, 26
 comunicación, 26, 28-29
 dentadas, 26, 28
Barnum, P.T., 86
Barton, Hazel, 141
bastones oculares, 12, 98-99
bellotas, 52
blastema, 37
bosque siempreverde, 58
Braam, Janet, 61
branquias, 20-21
brócoli, 67

C

cacao, 70
café, 118
cafeína, 118
cala negra, 69
cambiaformas, 39-40
carbono, 79
 dióxido de, 132
cardillo, 54
cardoncillo, 69
caribú, 44
carmín, 148
carnívoros marinos, 22
cebolla, 61-62
cefalópodos, 20, 34
celulosa, 84
cerebro, 94-109
 de ballena, 29
 de delfín, 35
 de gato, 12
 de perro, 6, 7
 de pulpo, 34
 desperfectos, 97-98
 lectura vs. visión, 110-11
 memoria, 96-98
 ojos y visión, 98-100
 sentimientos, 105-109
 señales, 94-95
 sueños, 101-105
cetáceos, 22
champiñones, 143- 144
chimpancé, 3
chinche apestosa, 42
ciervos, 12, 37, 44
Cleary, Anne, 98
clonación, 117
cocos, 54
coles de bruselas, 67
colibrí, 43
color de ojos y genes, 116
colores, 99-100
comida echada a perder, 136-138
comunicación del gato, 14, 16
concha de caracol, 47
coníferas, 58
conos del ojo, 11, 98-99
copa de mono, 65
corazón, 76-78
 aurículas y ventrículos, 78
 de ballena azul, 26
 latidos, 77, 108
corteza motriz, 102
corteza prefrontal, 102
corteza visual, 102
cortisol, 108
cosquillas, 119
criaturas marinas, 20-35.
 Ver también medusas; ballenas
 duelo decisivo, 34-35
 respiración, 20-23
cromatóforo, 40-41
cromosomas, 112-16
cuerpo humano, 76-91
 piel, 84-86
 sistema circulatorio, 77-79
 sistema digestivo, 81-84
 sistema inmunológico, 86-89, 106
 sistema nervioso, 90-91
 sistema respiratorio, 79-80
 sistema tegumentario, 86

D

Dalí, Salvador, 103
déjà entendu, 97
déjà rêvé, 97
déjà vu, 97-98
delfines, 35, 46
dentaduras, 93
dermis, 85-86
desiertos, 63-64
diafragma, 80, 82, 91, 119
diente de león, 54, 73
dientes, 27, 81, 93
 de ballena, 25, 26
 placa dental, 127
difusión, 21
dimorfismo expresivo, 109
dinoflagelados, 140
Dolly la oveja, 117
dolor, 91
 ronroneo de los gatos, 16
 por picaduras de medusa, 32
 dopamina, 105-106
durián, 58, 70, 72

E

ecolocalización, 29, 35
Einstein, Albert, 103
elefantes, 3, 9, 46
emociones, 105-109
encurtidos con chocolate, 131
endorfinas, 106
endosperma, 55
Ennos, Roland, 91
enojo, 107-108
enzimas, 62
digestivas, 81, 84, 114
epidermis, 85
equinodermos, 20
eructos, 148
esfínteres, 81-82
esófago, 81-82
espiráculos, 22
esporas, 143-44

estivación, 39
estómago, 82
mariposas, 108, 109
estrella de mar, 37
estrobilación, 31
etileno, 72
evolución, 108, 139

F

felicidad, 105-6
fermentación, 131-34
feromonas, 8-10
filamentos, 21
flamencos, 47
flora intestinal, 83
flores, 66-69
aroma, 72
polen, 67-69, 90
rosas, 69
folículos capilares, 116, 128
fotosíntesis, 51, 56, 140
frambuesas, 73
fraudes, 25, 55, 86, 96, 126, 135
fuentes hidrotermales, 138- 139

G

Garza, Ricky, 65
gatos, 12-17
comiendo popó, 14
comunicación, 14, 16
pupilas dilatadas, 14
ronroneo, 16, 19
visión, 12-13
vs. perros, 18-19
General Sherman (árbol), 53
genes (genética), 112-17
mutaciones, 113
genoma, 115-16
germinado, 52
gigante de Cardiff, 86
girasol, 60
glóbulos blancos, 87
glóbulos rojos, 123
glucosa, 79, 83
Gonzalez-Bellido, Paloma,43
granos de maíz, 72
en la popó, 84
guano, 142
guepardo, 47
gusanos, 61

H

Harvey, William, 79
Hattar, Samer, 104
helado, 114
Helm, Rebecca, 31
hibernación, 38-39
hipo, 119
hipodermis, 85
histaminas, 89
holoturias, 37
hongos, 56, 122, 130
esporas, 143-44
hongo azul, 145
hongo de miel, 143-44
hormiga podadora, 145
horneado y levadura, 132-34
Horowitz, Alexandra, 3, 5
huellas digitales, 119
Hull, George, 86
humanos, 3, 76-119
cuerpo humano, 76-91
duelos decisivos, 92-93, 110- 11
hora de hmmm, 118-19
hurones, 12
Hyperion (árbol), 53

I

ilusiones ópticas, 101
incendios, 51-52
incisivos, 27, 93
inmunoglobulina E (IgE), 88- 89
inmunoglobulina G (IgG), 88
intestinos, 83-84
intolerancia a la lactosa, 114
invertebrados, 31

J

jamais vu, 97
Jeff, Janina, 116
jugos gástricos, 82

K

Kong, Heidi, 126
kril, 28, 140

L

lactobacilos, 131-32
ladridos internacionales, 5
lagartijas, 9, 65
Lara, Ricky, 42
latidos, 77, 108
lectura vs. visión, 110-11
lengua de rana, 47
levadura, 132-34
libélulas, 43
linfocitos, 87-88
longitud de onda, 100

M

McCartney, Paul, 103
Maggie
Murphy
(fraude), 55
maquillaje, 148
mareo por dar vueltas, 119
mariposa monarca, 45
mariposas en la panza, 108, 109
mastocitos, 88-89
maullido, 16
medusas, 22-23, 30-33, 139
megalodón, 27
memoria, 96-98
meristemo, 73
mesoglea, 23
metamorfosis, 31
metanotiol, 126
Methuselah (árbol), 53
microbioma humano, 83-84, 93, 123-130, 148
microbiomas animales 149
microbios, 122-49
de cueva, 141-42
duelo decisivo, 146-47
extremos, 138-45
hora de hmmm, 148-49
microbios marinos, 138-40
microfauna, 122
microscopios, 149
Milbenkäse (queso), 136
moco de cueva, 142
moho limo, 147
moho, 136-37
moluscos, 20
moretones, 118
movimiento ocular rápido (MOR), 6
murciélagos, 142
Musah, Rabi, 63
musgo, 73
mutaciones, 113

N

narval, 24-26
narices de perro, 8, 10, 18
néctar, 67-68
nervio óptico, 98-99
neuronas espejo, 111
neuronas, 95
neurotransmisores, 95, 105-6
nociceptores, 91

O

oasis, 64
oído, 11, 18
ojos, 98-100
que brillan en la oscuridad, 12-13
olfativo, 4. *Ver también* olfato
olfato, 124-26
olores humanos, 124-26, 128, 148
olor a axila, 125-26
olor a pies, 124, 126
onagra, 68
órgano vomeronasal, 8-9
orquídeas, 69
osos, 38-39
oxitocina, 106

P

palmeras, 73
pan rebanado, 133
papilas, 15, 41
patas de araña, 40
peces eléctricos, 33
pedos, 83, 124-25, 126, 127, 148
olor a huevo, 126
penicilina, 130
pepinillos fermentados, 131-32
perezosos, 46-47
perros y gatos, 14
perros, 2-11
al rescate, 10
asistentes, 10
comiendo popó, 14
olfatea-bombas, 10
olfato, 4-10, 18
sueños, 6
visión, 3, 11
vs. gatos, 18-19
picaduras de medusa, 32-33
piel, 84-86
pilobolus, 144
piloerección, 14

pinnípedos, 22
pinos, 58
placa dental, 127
placas tectónicas, 138
planarias, 37
plancton, 139-40
planta de la gota, 65
plantas, 50-73.
Ver también flores; árboles
duelo decisivo, 70-71
plantas carnívoras, 64-65
plantas marinas, 72
hora de hmmm, 72-73
supervivencia, 60-64
plátanos, 72
polen, 67-69, 90
polvo, 149
popó 83-84
de gusano, 61
de murciélago, 142
llevando semillas, 54
presión atmosférica, 80
presque vu, 97
prueba del espejo, 2-3
prueba del olfato, 4
puente de varolio, 6
pulmones, 79-80
pulpo, 20, 34, 40
pupilas, 13

Q

queso, 134, 136, 148
queso parmesano, 135
queso suizo, 148
quimiotaxia, 147
quimo, 83

R

raíces, 57-58
reacción de lucha o huida, 107-8, 109
reacción en cadena, 61-62
receptores olfativos, 7-8
recto, 83-84
relaciones simbióticas, 145
relaciones sociales, 106-7
renos, 44
respiración 79-80
respiración animal, 22-23
celular, 22-23
de criaturas marinas, 20-23
del perro, 10
pulmonar, 22
Río Tinto, 141
risa, 111
ritmo circadiano, 38-39, 60
roble, 52
Rohwedder, Otto, 133
ronroneo, 16, 19
rosas, 69
Rwamirama, Joe, 126

S

salamandras, 36-37
secuoyas, 53
semillas, 50-52, 54, 55
crecimiento, 50
cubierta, 55
distribución, 51-52, 54
sentimientos, 105-109
sepia, 20, 39-41
serotonina, 106
Silene stenophylla, 56
síndrome de nariz blanca, 142
sirénidos, 22
sistema circulatorio, 77-79
sistema digestivo, 81-84
sistema inmunológico, 86- 89, 106
sistema nervioso, 90-91
sistema respiratorio, 79-80
sistema tegumentario, 86
Solimán el Magnífico, 134
sonidos, 26, 28
sudor, 86
sueños, 101-105
lúcidos, 105
teorías, 103-104
superenframiento, 38
superpoderes, 36-43
susliks, 38
Swan, Joseph B., 55
Swift, Taylor, 103

T

tapetum lucidum, 12-13
tardígrados, 146
The Sims (videojuego), 98
teorías del sueño, 103-104
ternura agresiva, 109
tioalcoholes, 125-26
titanosaurios, 61
Torres Quevedo, Leonardo, 96
tortuga del desierto, 64
tristeza, 106-107
tronar los dedos, 118
Turco mecánico, 96

U

Unguez, Graciela, 33
unicornio, 25
uñas, 15, 91, 92

V

vacas, 12
vacunas, 88
ventrículos, 78
virus, 87, 88, 149
visión, 98-100
de alta velocidad, 43
visión nocturna, 12-13, 19
ilusiones ópticas, 101
vista. *Ver* ojos; visión
vómito, 82
von Kempelen, Wolfgang, 96

Y

"¡Yiu!", 14, 32, 100, 116, 129, 134, 142, 54, 61, 79, 84
yogurt, 134

Z

zarigüeya, 42-43
zonas muertas, 24
zooplancton, 140
zorrillo, 42
zorro volador, 70